农牧一体化的原理与技术途径

关法春　等著

中国农业大学出版社
·北京·

内容简介

本书共分七章，由历年来总结的材料和发表的论文整理而成，主要以“玉米田养鹅”为例，介绍“农牧一体化”的原理，并研究“玉米田养鹅”模式的生产-生态效应。第1章主要介绍了当前我国农业生产中的突出问题以及生态农业应对模式的应用分析，并提出“农牧一体化”理论体系和技术模式；第2章提出了“农牧一体化”理论体系，对该理论的含义、指导思想、理论构成和技术途径进行了初步的阐述；第3章主要介绍养殖场地的时空分布特征对鹅生长发育及生产效果的影响；第4章主要介绍玉米田养鹅模式下的植株养分吸收和土壤养分平衡状况；第5章主要介绍了玉米田养鹅措施对杂草群落多样性特征、玉米生长及经济效益的影响，以及土壤温度的影响机制；第6章主要通过能值分析方法，明确“玉米田养鹅”农田生态系统农田系统运行过程中的资源利用效率、能值产出情况、环境负荷大小和可持续能力；第7章主要通过对“玉米田养鹅”生产模式碳平衡关键过程的研究，初步明确“玉米田养鹅”模式的碳收支结果。

图书在版编目(CIP)数据

农牧一体化的原理与技术途径/关法春等著. —北京：中国农业大学出版社，2017.4

ISBN 978-7-5655-1751-8

Ⅰ.①农…　Ⅱ.①关…　Ⅲ.①农业技术　Ⅳ.①S

中国版本图书馆 CIP 数据核字(2016)第 295791 号

书　　名　农牧一体化的原理与技术途径

作　　者　关法春　等著

策划编辑　梁爱荣　　**责任编辑**　梁爱荣
封面设计　郑　川　　**责任校对**　王晓凤
出版发行　中国农业大学出版社
社　　址　北京市海淀区圆明园西路 2 号　　**邮政编码**　100193
电　　话　发行部 010-62731190，2620　　读者服务部 010-62732336
　　　　　编辑部 010-62732617，2618　　出 版 部 010-62733440
网　　址　http://www.cau.edu.cn/caup　　**e-mail** cbsszs @ cau.edu.cn
经　　销　新华书店
印　　刷　涿州市星河印刷有限公司
版　　次　2017 年 6 月第 1 版　　2017 年 6 月第 1 次印刷
规　　格　787×1092　　16 开本　　11 印张　　200 千字
定　　价　35.00 元

图书如有质量问题本社发行部负责调换

著　者

关法春（西藏农牧学院）

王　超（西藏农牧学院）

沙志鹏（中国农业大学）

张宇阳（北京林业大学）

曹舰艇（西藏农牧学院）

仝淑萍（西藏农牧学院）

边步云（西藏农牧学院）

程　犇（西藏农牧学院）

王贵作（水利部发展研究中心）

王海涛（长春师范大学）

张金萍（水利部松辽水利委员会 ）

姚学林（西藏农牧学院）

郝文渊（西藏农牧学院）

蔡翠泮（伊犁职业技术学院）

前　言

资源-环境-产品安全-经济生产危机，已经在多个层面上严重威胁到人类的农产品安全问题，为解决日益严重的农业生产危机，探索和实践农业可持续发展研究得到了长足的发展，并取得了众多研究成果。对于今后农业的发展方向和途径，当前存在较大分歧，但是必须要承认，农业可持续发展研究与实践，最终需要同时面对资源消耗、环境污染、农产品安全降低和经济相对低效等突出难题上的系统层面问题。目前在当今世界主要农业生物生产上尚没有解决系统突出问题的有效途径，反而有愈来愈倾向农业"工厂化"生产的趋势，这对全球气候变化和生态系统功能的维持都产生了巨大的影响。

在今后相当长的一段时间内，中国这样一个人口大国，人口逐渐增加，耕地面积不断减少，在农产品安全健康日益受到重视的情况下，中国农产品生产数量和质量之间似乎成为一个矛盾性难题。回顾和吸收历史上的传统农业生产经验，粮食生产的主要来源不应该仅仅依赖第一性生产力中的经济产量，系统生态功能的维持和发挥也是一定要建立在环境未遭到破坏的基础上另辟蹊径，通过扩大粮食来源实现生产力倍增，通过现代农业动力装备实现高效率生产，机械化的精耕细作方式应该成为今后相当长一个阶段实现农产品数量和质量双赢的生产方式之一。

探索一种在生产方法上简单易行，生产效益倍增且维持农业系统较高生物多样性、生态功能得到有效发挥的农业生产方式，无疑对今后中国乃至世界农业发展具有重要的意义和价值。为此，关法春博士于 2011 年提出"农牧一体化"的设想，其是指"在同一块土地上，在收获作物籽粒、块茎等植物经济产量的同时，利用同一空间内的植物茎叶（包括杂草等）、动物昆虫等资源，进行畜禽等动物产品生产的一种复合型的生产方式"，"农牧一体化"是把系统内的作物、杂草、昆虫等都看成是粮食生产的来源，尤其是不施或少施除草剂的情况下，杂草也作为动物饲料来源而被充分利用。"玉米田养鹅"（raising geese in corn field）是"农牧一体化"的生产模式之一，本书重点以“玉米田养鹅”为例，对以往数年来“农牧一体化”生产方式在养殖场地时空转移、作物和鹅生长发育、能量与物质转化、杂草群落结构、系统生物多样性和经济生产等方面的前期研究结果进行了初步的总结，以期为今后农业发展途径做出探索性贡献。

本书编写分工如下：第 1 章，关法春；第 2 章，关法春、王超；第 3 章，关法春、沙志鹏、蔡翠萍；第 4 章，关法春、沙志鹏等；第 5 章，关法春、沙志鹏、张宇阳、曹舰艇、仝淑萍；第 6 章，关法春、沙志鹏等；第 7 章，关法春、张宇阳。郝文渊、姚学林负责本书材料整理，王贵作、程犇负责排版，张金萍、王海涛、边步云负责文字校对。本书的出版得到了西藏农牧学院、西藏自治区科技厅等单位的重视和大力支持，西藏农牧学院郑维列教授对本书予以审阅。在此，谨向为本书出版付出辛勤劳动的各位老师、领导和同学们表示衷心的感谢！

由于本书为交叉新学科内容，其内容多、涉及范围广，加之定位试验仅仅开展 3 年，编者水平亦有限，疏漏也在所难免，在此诚挚接受更多的批评意见和相关建议（E-mail：gfc1940@163.com)，以期共同推进“农牧一体化”科研事业的发展。

本书科学性、学术性较强，可供相关教学和科研人员、研究生等参考使用。

著　者

2016 年 10 月

目　录

1 绪 论

1.1 选题背景

现阶段中国在积极应对粮食安全压力的同时,农业生产也暴露出一些严重而突出的问题,主要表现为:农产品生产数量和质量安全保障面临严重威胁——已对人们的健康产生严重影响,全国农田土壤质量恶化趋势明显(赵其国等,2006)——事关农业生产的基础,农产品价格逐年走高与农民增收困难的矛盾——影响农业生产系统的维持与发展(陈念平等,2010)。以上问题需要农业生产顺应时代变化,在耕地面积有限的情况下,以提高农业生产力、保障农产品质量为中心,走出适应中国国情的特色农业发展之路。

解决目前农业生产困境的发展思路,业界主要有两种观点,一种观点是利用现代分子生物技术,主要通过转基因育种手段解决问题(Zhang,2007),但这种技术的应用不仅会降低生物多样性并存在潜在危害,难以保障农业可持续发展,而且在今后相当长时期内,中国农业以户为生产单位的生产组织形式难以承接分子生物技术的应用成果;另一种观点是运用生态学原理的技术应用来解决问题(骆世明,2007),但是在目前现有生产情况下,生态农业不仅存在着生产技术落后于理论,也面临着生产效率低下的问题,而后者直接关系到农民的生产积极性和农业持续生产保障。

因此,在农业安全生产深入人心的背景下,根据我国国情的特殊性,针对农业生产中出现的根本性问题,以提高农业生产力、保障农产品质量、提高农民收入为核心要求,如何在中国农业由传统农业向现代农业转型过程中,开展中国农业理论与模式创新研究,探索出符合我国今后一个时期农业生产组织特点的新型农业发展道路,是目前农业生产实际迫切需要回答和解决的重大理论和技术问题,是我国现代化农业可持续发展战略的现实需要。

1.2 国内外研究进展

1.2.1 农业生产存在问题与发展方向选择

农业生产事关社会的稳定和发展，中国农业解决了人民的温饱问题，但在安全生产和经济需要的双重压力下，在农业发展过程中也存在着根本性的问题亟待解决，主要表现为：农产品产量和质量安全保障水平较为低下，耕地土壤质量总体呈下降趋势，农产品价格逐年升高与农民增收困难之间的矛盾影响了农业生产系统的维持与发展。以上问题逐渐引起了社会各界的广泛关注，人们日益将更多的目光放到了如何更好地发展农业的问题上。根据我国国情的特殊性，在以提高农业生产力、保障农产品质量、提高农民收入为核心内容的基础上，开展农业生产方式创新研究，探索出符合我国今后一个时期农业生产特点的新型农业发展道路，是实现我国现代化农业可持续发展战略、保障农产品健康安全生产的现实需要。

我国正处在由传统农业向现代农业转变的关键时期，如何解决现代农业发展中出现的问题，目前业界主要流行两种将来发展途径，一种是以“分子生物技术”(Zhang，2007)为代表的高新技术和高新装备来发展农业的途径；另一种是生态学途径(李文华，2003；骆世明，2007)，主张以生态学原理为核心，借助农业高新技术来发展生态农业的发展途径。以上两种观点均存在一定问题，其间的争议由来已久，前者的生产方式对环境存在着现实的或潜在的危害，且无法有效与中国农业以户为生产单位的生产组织形式相对接；而后者由于理论发展落后于实践，其生产方式生产效率较低，也影响了大多数农民的生产积极性。但从目前来看，发展生态农业是当今农业发展的主流，国务院发布的《中国21世纪议程——21世纪人口、环境与发展白皮书》中明确指出生态农业是一种可持续农业模式，国务院前总理温家宝也曾指出“21世纪是实现中国农业现代化的关键历史阶段，现代化的农业应该是高效的生态农业”，即使在国际上其他国家，随着“国际可持续农业运动”的蓬勃发展，以充分利用自然界能源、减少化石能源投入、注重物质循环的农业生产方式成为消费者追求的主流。

国外针对农业上化肥农药的使用为主要目的的农业生产方式有多种，目前在国内外进入实质性推广阶段的农业生产方式也有多种，有机农业（organic agriculture）是目前影响较为广泛的生产方式，根据国际有机农业运动联合会（IFOAM）2000年有机农业生产标准，有机农业是指有利于促进环境、社会和经济健康发展，按照特定标准生产食物和纤维的各种生产系统，其根本目标是促进包括土壤生物、植物、动物、人在内的且相互依赖的系统的生产力和系统的健康协调发展。至今，很多国家和世界组织制定和颁布了有机农业标准，促进了有机农业的发展；生物农业（biological agriculture）于20世纪70年代初在英国首先试行，其建立在生物学原理的基础上，重视生物循环和废物再利用，在不造成生态环境和养分平衡破坏的前提下，不完全排除合理使用化肥和农药；生态农业（ecological agriculture）的思想于1971年提出，1981年由英国M. K. Worthington完善，从农业生物与环境之间的相互关系上出发，定义为“生态上能自我维持、低输入，经济上有生命力，在环境、伦理和审美诸方面不产生大的长远的及不可接受的变化的小型农业系统”，经过广泛的科研和生产检验，生态农业得到了广泛认同；此外，还有生物动力农业、自然农业、低碳农业、休闲农业（Hiernaux *et al.*，2009）等。

以上农业生产方式在根本上都具有共同的特征，那就是其都是针对石油农业带来的资源和环境问题而产生的替代农业，在具体技术措施上，主张运用生物和物理措施来实现农田生态系统的生态良性循环（Ayantunde *et al.*，2011），在内涵上和做法上均无本质的差别，可以统称为生态农业，生态农业把可持续发展作为一种理念、思想和原则，因此，生态农业是农业可持续发展的一种广泛而有效的模式，是可持续发展的具体体现。

1.2.2 中国生态农业的发展模式

虽然生态农业作为当今世界性发展潮流，但各国仍要根据自己的资源特点和农业发展阶段水平，确定本国农业持续发展的道路。中国是一个人多地少、资源短缺、以小农经济为主的农业大国，与生态理念相悖的高能耗、低产出农业生产方式和我国国情并不相符，发展人口、资源、环境三者之间协调的生态农业是必然选择。为此传统精细农艺与现代科技结合的生产方式逐渐发展起来，形成了具有中国特色的生态农业体系，建立了不同地区区域的生态农业发展模式。如东北区生态农业围绕绿色农产品生产模式和秸秆（过腹）还田模式展开；黄淮海区构建了水、氮高效利用，作物轮作和以农户为基础的名牌农产品生产等生态农业模式；西北区以保持水土、恢复植被为前提，发展水土保持型旱作或雨养型生态农业模式；华南区以桑基鱼塘、稻田养鸭和猪沼果（粮）为核心，发展多种小型生态农业模式；西南区生态农业模式围绕山地生态防护展开，发展小流域综合治理、农林复合生产、林果药多元经营等生态农业模式。总之，我国不同地区是从各地的区域特点构建了区域生态农业模式群，因而具有鲜明的地域特征。

中国生态农业的实践和研究近些年来一直在稳步发展，但由于我国绝大多数的生态农业生产模式生产效率不高，受自然灾害和市场因素影响，生产不很稳定，因而生态农业并不是当前中国农业生产的主流方式，究其原因主要在于现有生态农业模式或系统生态结构不尽合理，生产水平和生产效率不高，或由于生产层次较多，技术复杂，农民难以掌握，或技术方式难以与受商品经济影响下的小农生产组织方式相适应，以致目前农业生产倾向于针对单一制约要素的高投入生产方式，这不仅容易产生严重的农业环境问题（Qi *et al*. 2012），而且忽视了农业生态系统内部组分之间有机作用的发挥，以至于在20世纪80年代初广大农村还广泛盛行的生态农业，如今已经大不如前。尽管生态农业至今尚没有在生产上占有主体地位，但生态农业的发展已经成为一种不可阻挡的历史潮流，以生态学为基础，结合经济学研究，生态农业科学理论研究和生产实践也在不断深入和发展。

众多研究结果表明（李文华，2003；刘佳等，2010；李奇睿等，2011）：在中国发展高效的生态农业模式，必须同时考虑农产品生产、生产效益和环境保护的综合问题，这就需要在自然科学和社会科学两个方面一同协作，同时解决人口、资源、环境、社会等不同层面上的问题，这也是当前我国生态农业发展理论发展缓慢的难题所在。为此，我国的生态农业理论和实践需要建立和完善一种富有生命力的生态农业发展理论和技术模式，其能够在维持生物多样性和实现农业生态系统平衡基础上，形成系统合理的内部结构，各组分功能得到充分发挥，建立相应农业技术体系应用于生产，同时大幅提高生产效率，并使系统的产出水平始终保持较高的"冗余"状态以增加系统抵御自然灾害和市场因素的影响，实现较高的、稳定的生产收益，使农业生产活动得以持续进行。

1.2.3 "农牧一体化"理论体系及技术途径的提出

"农牧一体化"理论体系于2011年建立，与任继周院士的"系统耦合"理论（任继周等，1994）"两个或两个以上性质相近似的生态系统之间结合"的内容定义不同的是，"农牧一体化"是指"在同一块土地上，在收获作物籽粒、块茎等植物经济产量的同时，又利用同一空间内的植物茎叶、动物昆虫等资源，进行畜禽等动物产品生产的一种农牧复合型的生产方式"（关法春等，2011）。"玉米田养鹅"模式是"农牧一体化"理论指导下的主要技术模式之一，其主要是在农田内保留下层的杂草，通过养鹅来控制杂草生长以及通过特殊植物汁液喷洒叶片减缓鹅采食玉米叶片等措施，使杂草和鹅的采食对玉米的影响达到最小，使动植物生长在一定内时空有序结合，达到动植物在同一块农田内共生的目的。除了"玉米田养鹅"生产模式外，传统的稻田养鸭模式亦属于此理论范畴内。

"农牧一体化"理论在生产上具有显著的特点：一是系统生产水平和生产效率

高，通过建立合理的系统结构，在外界少量物质输入下，系统实现光能的高效利用和系统内物质能量的高效循环流动，从而从根本上保证了系统生产水平和生产效率的提高；二是系统稳定性高，系统根据自然条件和市场因素的变化，在作物生产和动物生产两个子系统之间通过物质与能量分配调节，确保生产能力，同时通过保护生物多样性维持农田生态系统的平衡，从而在生产和经济两个层面上增强了系统的生产稳定性。

"农牧一体化"理论的指导思想是运用生态学原理，将作物的整个生物产量、杂草、农业昆虫和微生物均看成是人类粮食生产的来源，均衡、有序地调控适宜生存的各生物之间以及生物与环境之间的关系，使单位土地面积内获取的太阳能远超过同等条件下单一作物生产所获取的最高水平，同时在系统外物质、能量输入的辅助下，物质和能量在食物链内流动和循环，并在一些适宜节点上解链转化成各种农产品，从而实现系统物质的有序循环、能量的高效利用和收益的稳定保障。玉米田养鹅生产模式中鹅对杂草的采食不仅避免了除草剂的使用，其粪肥作为系统反馈能量增加了体系资源利用效率，降低了对环境的负面影响，提高了生产的可持续性(Sha *et al.*，2015；沙志鹏等，2013)。

在理论构成上，"农牧一体化"理论主要依托生理学、生态学和农业气候学等学科建立起来。"玉米田养鹅"生产方式与传统的籽实农业相比，在其植物生理、生态适应性、抗逆性、生物产量、光能利用率等方面均具有显著优势，在充分利用光能资源、气候资源、物种资源和增加农业生物量方面具有较大潜力，有利于维持农业生态系统的生物多样性和系统稳定性(沙志鹏等，2014；张宇阳等，2015)，形成生态系统的良好结构，促使农田系统生态与生产功能的正常发挥，同时稳定的较高收益也能够进一步保障后续生产的进行，因而有望成为一种可持续的农业生产方式。

在当前中国农业生产在环境保护、农产品安全和生产保障等方面存在突出问题，针对现阶段生态农业理论和技术发展落后于生产需求的现实情况下，本论著基于"玉米田养鹅"技术模式，从农田系统生物多样性特征、能值分析和生产效益分析等角度出发，通过多年的连续定位试验，进一步明确"玉米田养鹅"技术模式的生态—生产效应，并初步阐明农田系统生物多样性变化趋势，以期丰富中国生态农业的理论与技术途径，促进中国农业可持续发展。

2 "农牧一体化"的理论基础概述与技术途径

经过数十年的改革和发展，农村经济发展发生了翻天覆地的变化，传统的人（畜）力耕作迈向机械化生产，单一的种植业转变为以种植业为主，养殖业、加工业、建筑业和服务业等多业并存的产业发展态势，农民需求由在农村满足温饱转向城市化小康社会的更高需求，当前农村社会发展已经进入了一个新的阶段。

在当今农业灾害频发、农业资源没有得到有效利用的情况，根据人类食物来源的多样化特征，在以提高农业生产力、保障农产品质量、提高农民收入为核心内容的基础上，如何整理传统生产经验和当今科技优势，在中国农业由传统农业向现代农业转型过程中，开展农业生产与模式创新研究，探索出符合中国今后一个时期农业生产组织特点的新型农业发展道路，是目前中国农业生产实际迫切需要，也是我国现代化农业可持续发展战略的现实需要。

针对农业生产中存在的根本性难题，本文提出"农牧一体化"理论，并介绍了该理论的含义、指导思想、理论构成和技术途径，以期推动生态农业理论的发展，并在一定时期内解决农业生产领域的重大战略性和瓶颈制约问题。

2.1 农牧一体化的含义和特点

2.1.1 农牧一体化的含义

农牧一体化是指在同一块土地上，在收获作物籽粒、块茎等植物经济产量的同时，又利用同一空间内的植物茎叶、动物昆虫等资源，进行畜禽等动物产品生产的一种农牧复合型的生产方式，这种生产方式同时进行植物产品生产和动物产品生产。

传统种植业生产主要是以收获作物籽粒、块茎等植物经济产品为目的，栽培作物必须完成整个生育期，作物籽粒、块茎等植物经济产品产量越高越好；而农牧一体化的生产收益是由作物物经济产品和动物产品收益共同构成的，单一种类产品产出的高低并不能代表土地总收益的高低，只有协调两者间收入，土地总收益水平才会最高。

2.1.2 农牧一体化的生产特点

1. 物质能量在系统内高效流动循环

农牧一体化生产模式下的农田生态系统是一个相对封闭的物质能量自我流动循环的高效系统，仅以动植物经济产品的形式向外产品输出有限的物质和能量。

2. 光能接收力求最大

通过植株多层受光群体，最大限度地提高光能接收总量，并通过动植物生产最大效率地提高能量利用效率。

3. 适应气候变化的能量弹性分配

农牧一体化生产模式可以根据环境条件的变化，在作物生产和动物生产两个子系统间分配光能，提高与环境因子相匹配的子系统生产收益，从而提高系统应对气候变化的能力。

4. 农牧一体化农田生态系统多样性的保护

生物多样性是农牧一体化生产能够进行的基础，农牧一体化生产模式下农田生态系统需要多种组分拥有的职能，形成有序、配合一致的有机结构，才能在一个空间内同时完成正常的作物种植和动物生长过程，从而综合地提高系统生产力。

2.2 农牧一体化理论的指导思想

运用牛态学原理，将作物的整个生物产量、杂草、农业昆虫和微生物均看作人类粮食的来源，通过均衡、有序地调控适宜生存的各生物之间以及生物与环境之间关系，使单位土地面积内获取的太阳能远超过同等条件下单一作物生产所获取的最高水平，同时在系统外物质、能量输入的辅助下，物质和能量在食物链内流动和循环，并在一些适宜节点上解链转化成各种农产品，从而实现系统物质的有序循环、能量的高效利用和较高的经济收益。

此外，农牧一体化生产环节较少，从提高农业生产效率来说，其也应是一种精耕细作的机械化生产方式。

2.3　农牧一体化的理论构成

2.3.1　生理学理论

1. 光能利用率

(1)能量转化的“十分之一定律”　在目前的农牧一体化农田生态系统中，一部分光能经由作物制造光合产物转化成经济产品，而另一部分光能则以杂草和一部分老化的作物叶片的形式，直接经过畜禽的过腹增值，转化成畜禽产品，后者这种延着太阳光能—杂草—畜禽—产品的太阳光能转化过程，与目前非牧区或农牧交错区的畜禽产品延着太阳光能—植物—籽实—畜禽—产品的一般转化过程相比，减少了光合产物形成籽实这一环节，因无须浪费大量能量将光合产物转化为糖类、油脂或蛋白质并集中于籽粒，减少了能量损耗，从而大大提高了系统的生态效率(尚玉昌，2002)。

(2)对光能的利用效率较高　通过轮区放牧的技术管理方式，田间下层杂草经畜禽放牧不断采食后，杂草叶片始终处于幼嫩期和成熟期，衰老的叶片很少。因此，一方面，再生苗的生长速度大大快于第一茬原生苗，增加了一至数次光合作用较强的生长旺盛期(武维华，2008)，太阳辐射的光能能够得到较为充分的转化；另一方面，由于杂草叶片群体主要由光合效率较高幼嫩和成熟叶片构成(武维华，2008)，因而杂草群体具有较高的光能利用效率。

2. 逻辑斯蒂(logistic)曲线

农牧一体化生产可以更好地利用逻辑斯蒂曲线生长的规律。在植物的整个生长过程中，生长速度都表现出“慢—快—慢”的基本规律，在植物生长前阶段的后期和整个中期生长速度最快，而农牧一体化农业生产就是充分利用了植物的S形曲线生长规律，始终在其生产速度最快的对数生长期和直线生长期进行定期放牧，避免了生长速度下降直至衰老期的营养物质消耗，从而获得植株的最高生长效率和生产效率(武维华，2008)。

3. 动植物补偿生长效应

动植物在一定阈值范围内的胁迫压力解除后，具有一种缩小、恢复或超过原有生长发育和生产水平的一种能力，这种能力被定义为“补偿效应”(Hilbert *et al*.，1981；Ryan *et al*.，1990；Lippens *et al*.，2002)，而在农牧一体化农田生态系统中，这种补偿效应在动植物上均会发生。

田间杂草和作物下层叶片均是系统内畜禽的食物来源，通过适度放养畜禽，可以去除杂草成熟叶片，使之始终保持具有较高光合效率的嫩绿展叶状态，适于畜禽采食，并提高食物消化率和转化率；同时畜禽采食掉作物下层遮荫的叶片可减少这多余的消耗型器官，降低了叶片的衰老速度。

在作物生长中后期，由于上层空间郁闭度的增加，下层杂草受光量大幅减少，作物郁闭期之前杂草积累于根系的养料将会大量被消耗，系统内的畜禽出现短期内能量摄取不足（但营养供应能够保障），而短期掉膘或体重不变的现象，这种情况会随着后期作物的衰老、郁闭度增加而杂草旺盛生长，或者人工补饲，畜禽会出现一定时期体重快速恢复甚至超过正常的现象，这与消除了畜禽生长冗余有直接关系（Gaudet *et al.*，1998）。

2.3.2 生态学理论

1. 光能接收

太阳辐射能是农牧一体化农田生态系统能量的主要来源，其主要是依赖绿色植物通过光合作用制造的。植物的营养生长与生殖生长对光照的要求无论是质还是量都有明显的区别，对于以籽实或块茎等经济产品为生产目的的传统农作物而言，需要较高的日照时数和光照强度，而杂草等非经济生产目标植物的营养生长则对光照条件要求不高，只要光照强度在其补偿点（一般作物为 400～4 000 lx）以上超过 8 h，就可以进行营养生长。农牧一体化农田系统中，上层主要是以生产籽实或块茎等经济产品为目的的受光作物群体，其所在环境的光照条件能够满足作物生殖生长的要求，而下层则主要是以地上茎叶生产为目的的各种杂草群体，其接收上层作物叶隙的漏光进行光合作用，杂草主要以营养生长为主。

太阳光在经过上层叶片的截留利用后，不是直接照在地面上，而是被下层的杂草叶片吸收利用。这样可以避免上层作物前期和中期的漏光现象，而且在上层作物生长后期也能充分利用光能。因此可以最大限度地截留进行农田系统内的光能，大幅度地提高土地叶面积指数，从而大大地提高了土地单位面积的光能接收量。

2. 生物多样性是维持农牧一体化农田生态系统较高生产力和稳定性的基础

农牧一体化农田生态系统内的生物多样性，能够保证系统在时间和空间上充分地利太阳辐射能；同时，植物种类的多样性能够使适宜时间和空间上的生态位空间（这个时空生态位空间远远大于粮食作物本身所占据的）均为植物所占据，从而使太阳光能能够被植物所利用，植物在其中是生态学意义上的“初级生产者”。

同时，农牧一体化农田生态系统结构和功能的维持和稳定是农业可持续发展的基础，而生物多样性是该系统结构和功能维持和稳定的前提，目的是实现该系统物质与能量的有效循环，这个目的正是该系统能够实现可持续发展的根本。通过一定的技术管理措施，维持系统内生物之间、生物与环境之间的有序关系，能够通过多种生物之间的配合，实现能量的高效接收和转化，在借助一定外部物质、能量输入的情况下，一部分物质、能量在系统内有序循环；另一部分对外输出，从而在经济层面上保障农牧一体化生产方式的继续。

2.3.3　农业气候学理论

1. 光热资源的充分利用

农牧一体化生产过程中籽实生产与杂草生产相结合，对于籽实生产不相匹配的气候资源，杂草都可以得到比较充分的利用。如春季一年生作物处于幼苗期，光热资源利用率非常低，而杂草萌生早，覆盖度高，则可较为充分地利用光热资源制造有机物质；而且即使籽实作物进入蜡熟期以后，光热资源对于作物生长已经很少有生产意义，而下层杂草的光合群体，还可以利用这一阶段的气候资源生产大量有机物质，从而提高系统的生产力。

2. 提高对异常气候变化的抗性和适应性

籽实的稳定生产依赖作物发育系统与其生存环境系统的全面有序耦合，其关键部分是水、热、光、气等气候资源与作物生长发育的节律相互协调。籽实生产要求作物必须完成其生活史，对气候条件的要求较为严格，近些年在各粮食产区由于气候异常，频发作物减产的现象；但对于农牧一体化生产来说，即使发生气候异常现象，粮食发生严重减产乃至绝收，但杂草仍可正常生长，同时作物植株体可部分或者全部通过畜禽过腹转化实现增值，保证在气候异常年份获得相当的生产收益。因此，农牧一体化生产模式可扬长避短，表现出较强的抗逆性和更广泛的适应性。

2.3.4　土壤学理论

土壤养分平衡状况是判断土壤质量演变趋向的根本依据。在农牧一体化生产中，杂草和作物植株，除了留在系统内的残留根系、凋落物和畜禽产品外，大部分杂草和秸秆是通过畜禽过腹转化而直接还田。以玉米田养鹅方式为例，与常规的单一玉米种植相比(图 2-1)，系统内增加了大量经过过腹转化而还田的畜禽粪肥，使系统具有良好内部物质循环和养分反馈的特性。根据 2013 年研究结果测算，玉米田养鹅处理农田养分平衡中 N、P_2O_5 和 K_2O 均处于盈余状态，其平衡率分别为 16.63%、83.56%和 21.45%，系统养分输入大于输出。

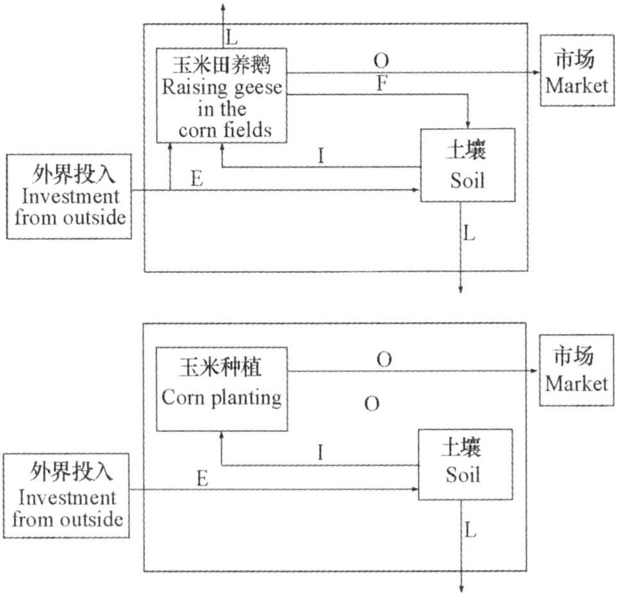

图 2-1 玉米田养鹅模式与单一玉米种植模式的养分循环路线对比图

Fig. 2-1 The cycling of nutrients under different treatments

E 外界投入的养分；I 土壤系统为玉米田养鹅系统提供的养分

F 系统内反馈养分；O 系统支出养分；L 损失的养分

2.4 技术途径

2.4.1 玉米田养鹅

玉米田养鹅是通过“一炮轰”施肥技术（底肥和追肥在播种时一次性施入）、拒食剂的应用和杂草与玉米共生等关键技术环节，解决玉米和肉鹅生态位互补的问题，玉米田内生长杂草、肉鹅以杂草为食，实现在同一块农田内玉米和肉鹅的共生，其经济收入来源亦由传统的单一玉米籽粒收入转变为玉米籽粒和养鹅的收入，该模式的收入远远高于传统的单一玉米种植方式。有试验结果表明，“玉米田养鹅”模式每公顷经济收入比传统玉米种植方式高出约 7 000 元（沙志鹏等，2014）。

同时，由于“玉米田养鹅”模式不使用除草剂、不进行中期追肥，而且实现鹅粪的就地还田，从而有利于土壤培肥，并维持农田生态系统较高的生物多样性和生态功能的发挥。

2.4.2 林下藏猪放养

林下藏猪放养遵循核桃“农牧一体化”生产原理，主要利用林下杂草、野果等林下食物资源，在围栏内放养藏香猪，一般每亩林地放养藏猪 1 头(25 kg)。该模式系统解决了林下养殖复合生产模式下树林、杂草和藏香猪子系统之间的耦合共存问题，确定农田系统内部动植物的合理生态位空间，从而建立符合西藏生产习惯、简单实用而高效的生产技术体系。关键技术包括核桃植株防护技术、核桃防渗坑定植技术、林下粪肥无害化处理技术等(关法春等，2012)。

此外，除了玉米田养鹅模式和林下藏猪放养模式外，还探索出玉米田秸秆养牛、菜豆田养鹅、果树林下养鹅(羊)技术等技术模式。

2.5 结 论

“农牧一体化”属于农业生态学的范畴，研究环境因素作用下动物与植物之间共存互利关系，其核心是物质循环、能量高效利用和经济增殖，这与运用单一技术解决农业问题不同的是，“农牧一体化”注重综合运用系统资源，通过生产尺度下的生态系统途径来解决农业发展问题。

农牧一体化农业与传统的籽实农业比较而言，在其植物生理、生态适应性、抗逆性、经济生物产量、营养物质产量、光能利用率等方面均具有显著优势，在充分利用气候资源、土地资源、物种资源和增加农业生物量方面具有较大潜力。农牧一体化农业系统的建立，有利于维持农业生态系统的生物多样性，形成生态系统的良好结构，从而促使生态系统的功能得到正常发挥，并通过其稳定的较高收益保障后续生产的进行，因而是一种可持续的农业生产方式。

3 “农牧一体化”模式下养殖场地时空特征及肉鹅生长发育状况

3.1 农牧耦合生产方式下不同批次肉鹅养殖效应研究

松嫩平原位于我国农牧交错区北端，是中国传统农业和传统牧业分界线两侧的农牧镶嵌结合区域，畜牧业生产对该区经济起着重要的作用(程序，1999)。从该地带内部看，放牧草地和耕种农田交错分布，种植业和养殖业是其两大支柱产业，并具有较强的区域特色，它们之间存在着互相依存、互相促进和相互制约的关系，农牧系统耦合潜力巨大。生态系统耦合是指两个或两个以上性质相近似的生态系统具有互相亲和的趋势，当条件成熟时，它们可以结合为一个新的、高一级的耦合生态系统(任继周等，1994)，系统耦合使得生态系统达到最大功率，故系统耦合必将导致生态效益扩大(任继周等，1994，1995；赖德芳等，2005)，但其在运行过程中往往会伴随系统相悖，包括时间相悖、空间相悖和种间相悖，这是由于构成耦合系统的子系统各自的节律相差所造成的(万里强等，2004)。松嫩平原农牧系统耦合的工作几经努力仍未取得重大突破，至今仍是综合治理开发中最薄弱的一个环节(程序，1999；程序，2002；董孝斌等，2005)，农牧交错带农牧系统相互耦合的机制尚未形成(董孝斌等，2006)。目前对于农牧耦合系统机理和应用模式的研究仍停留在宏观分析阶段，在当今经济社会背景下，亟须从微观上针对农牧交错带对以农户为单位的农牧耦合生产方式进行研究。

农牧耦合生产方式的生态学特征和现象都受限于一定的时间和空间，本文以松嫩平原西部作物(玉米＋饲草)种植和动物(肉鹅)养殖两个子系统构成的农牧耦合生产系统为研究对象，研究了农牧耦合生产系统在肉鹅饲养场地的时空变化特征，并通过分析不同饲养场地对肉鹅养殖的贡献，研究草地和农田在当地肉鹅养殖业中的地位和作用，为今后农牧交错区农牧耦合生产方式的研究和应用奠定基础。

3.1.1 研究地自然状况和研究方法

试验地点位于松嫩平原西部吉林省大安市红岗子乡境内(45°35′58″N～45°36′28″N, 123°50′27″E～123°51′31″E)。该地区属典型大陆性季风气候,冬夏季风更替明显,温差较大,年均气温 4.3℃,7 月份平均气温 23.5℃,年均降水量 413.7 mm,且 7—9 月降水量占年降水量的 73%,年均蒸发量 1 749.0 mm,为降水量的 4～5 倍,年均日照时数 2 972.1 h,年均太阳有效辐射量 2 568.7 MJ/m^2,≥10℃ 年积温 2 921.3℃,年无霜期 137 d(邓伟等, 2006)。

于 2007 年 6 月 9 日和 6 月 24 日分两批购买鹅雏(当地肉鹅土生种,1 日龄)60 只和 150 只进行试验,养殖场地为鹅舍(fowlery),放牧场地为站内种植玉米的农田(cropland)及草地(grassland),农田种植玉米品种为"泽玉 8 号",放牧草地主要植被类型由虎尾草和碱茅混生构成。鹅雏在鹅舍舍饲喂养一段时间后分别于 6 月 24 日和 7 月 5 日进入野外放牧,两个批次的肉鹅管理方法与当地农户正常放牧的鹅相同,鹅生长期间保证充足的饮用水,牧鹅早出晚归,夜宿在鹅舍内。进入野外放牧后,每日牧鹅归来后均对鹅群进行点数以统计鹅群数目,每次转换放牧场地的前一天,随机抓取 5 只鹅一同装在木箱内使用 100 kg 磅秤统计平均体重,3 次重复,为防止称重过程中鹅群混群,前 2 次称取的鹅均单独圈置。统计鹅饲养场地变化情况及饲养场地上的肉鹅饲养规模,饲养规模计算公式如下:

$$Y = M \times N \tag{3-1}$$

式中, Y 为饲养规模, M 为鹅群数目, N 为鹅群平均体重。

饲养场地对肉鹅养殖的贡献通过贡献率指标来分析,贡献率主要由饲养持续天数和饲养规模两个指标决定,计算公式(吴泠等, 2004)如下:

$$P_i = \frac{X_i \times Y_i}{\sum_{i=1}^{3} X_i \times Y_i} \tag{3-2}$$

式中,P_i 为 i 饲养场地的贡献率,X_i 为在 i 饲养场地饲养的时间,Y_i 为在 i 饲养场地的饲养规模,$i=1,2,3$,分别为鹅舍、农田和草地。

3.1.2 结果与分析

1. 饲养场地时空转移动态的研究

鹅雏经过舍饲喂养阶段进入放牧阶段后,农田、草地为不同阶段鹅群的放牧地。饲养情况统计结果(表 3-1)表明:鹅群放牧场地大体上存在农田和草地之间的空间转移,总体趋势为农田(6—8 月)→草地(9—10 月)。这是由于鹅在生长过程中具有前半阶段喜食嫩草、后半阶段喜食草籽的特点,当地春季干旱少雨,草地禾本科牧草适口性较差,而农田饲草刚刚展叶不久,故放牧地主要集中在嫩草较多的农田内;进入 8 月下旬,农田饲草渐渐干枯减少,鹅群可采食量下降,而草地杂草种子陆续开始成熟,故进入 9 月后放牧地主要集中在草地上。

表 3-1 不同饲养场地鹅饲养情况

Tab. 3-1 The feeding conditions in the different fields

批次 Batch	时间(月-日) Feeding time (month-day)	养殖场地 Feeding field	养殖数量 Number/只	鹅平均单重 Average individual weight/kg
第 1 批	06-09～06-24	鹅舍 Fowlery	57	0.20
No. 1	06-24～07-30	农田 Cropland	46	1.00
	07-30～08-10	草地 Grassland	31	1.45
	08-10～09-01	农田 Cropland	31	2.25
	09-01～09-12	草地 Grassland	31	2.65
第 2 批	06-24～07-15	鹅舍 Fowlery	150	0.15
No. 2	07-15～07-30	农田 Cropland	130	0.45
	07-30～08-10	草地 Grassland	101	0.70
	08-10～09-01	农田 Cropland	89	1.15
	09-01～09-10	草地 Grassland	89	1.40
	09-10～09-23	草地 Grassland	85	1.75
	09-23～10-01	农田 Cropland	80	1.95
	10-01～10-10	草地 Grassland	80	2.20

不同批次的鹅群在不同饲养场地上的饲养时间统计结果(图 3-1)表明,鹅舍、农田、草地分别占第 1 批鹅饲养时间的 15.79%、62.11% 和 22.10%,分别占第 2 批鹅群饲养时间的 19.62%、42.06% 和 38.32%,除育雏阶段必要的舍饲集中喂养外,鹅群放牧场地形成了农田和草地二者间的时间转移,不同批次的鹅群在草地放牧的时间均不足一半,在农田的放牧时间超过草地。草地和农田对鹅群养殖的时间是间断的,二者在时间上形成了良好的互补。因此在不同放牧场地的时间、空间转移上,农田和草地发挥各自的优势,能够基本实现互补,完成鹅群的放牧过程,较好地解决了耦合系统中经常存在的时空间相悖问题。

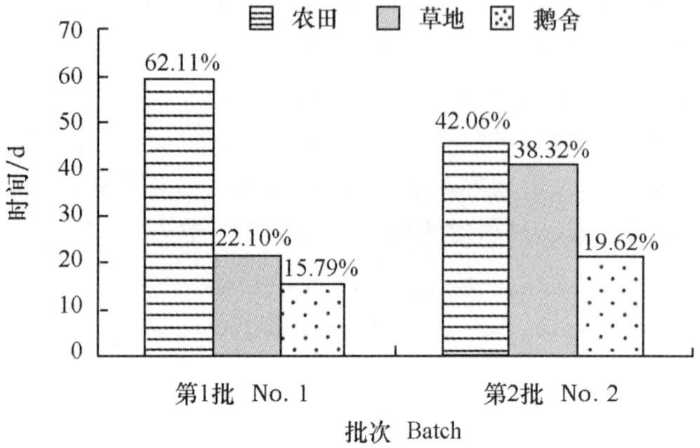

图 3-1　不同饲养场地的饲养时间

Fig. 3-1　Feeding time of the goose among different feeding fields

2. 不同批次肉鹅单只平均增重速度研究

在相同饲养管理方法下，不同批次的单只肉鹅增重速度差异明显（表 3-1）。在肉鹅各个生长阶段，第 1 批次的单只增重速度均明显高于第 2 批次，第 1 批鹅增重速度最高达 0.040 9 kg/d，第 2 批鹅增重速度最高值仅为 0.031 3 kg/d，且饲养出栏时间差异相当大，第 1 批鹅仅为 95 d，比第 2 批次提前 12 d，出栏时的平均每只鹅体重第 1 批鹅为 2.65 kg，比第 2 批鹅高 0.45 kg。产生这一差异的原因是由于玉米种植和肉鹅饲养这两个子系统运行节律不一致造成的。对于相对于肉鹅生长全程影响最大的 1 月龄内的幼鹅而言，第 1 批鹅饲养时间是在 6 月初至 7 月初，该段时间试验所在地的昼夜温差非常适宜幼鹅的生长，再加上第 1 批鹅雏饲养较早，夜间保温措施良好，故幼鹅生长快速；同时，放牧初期正值放牧地饲草嫩芽刚刚展叶，幼鹅十分喜爱采食，前期的快速增重增强了鹅群中后期的采食能力，能够适应青绿饲料适口性逐渐变劣的变化，扩大了后期的采食范围，进而为保持一定增重速度奠定了良好的基础；而第 2 批鹅雏在 1 月龄内生长期间气温较高，气温偏高导致鹅雏互相挤压，进而不同程度地发生“上热”现象，影响幼鹅生长，且第 2 批幼鹅的放牧初期已到 7 月中旬，由于玉米田中的饲草叶片已纤维化，幼鹅不愿采食，以致其采食量减少，生长体重增加缓慢，待第 2 批鹅进入其生长中后期后，放牧地饲草严重纤维木质化，适口性下降，再加上幼鹅体重偏轻，采食能力不强，以及 8 月的高温季节影响鹅群采食等综合因素影响，导致第 2 批鹅各个生长阶段平均增重速度都低于第 1 批鹅。

不同批次肉鹅生长速度的差异说明，肉鹅养殖这个动物生产子系统的饲料需求特点如果不能与作物种植这个子系统饲料供应的时空特性保持一致，即系统内部子系统间饲料需求与供应的节律相悖，则在系统外1月龄鹅生长的环境因素的影响下，农牧耦合系统运行效率将产生明显差异，试验中前后两批鹅的增重情况差异就明显说明了这一点。

3.不同饲养场地对肉鹅养殖的贡献率

贡献率综合考虑了饲养时间和饲养规模，体现了不同饲养场地对肉鹅养殖的贡献率，直接关系到农牧耦合生态系统的运行功率和运行效益，农田对养鹅的贡献率越大，耦合系统的运行效率越高，也就减少了草地资源的占用，提高了农牧耦合系统的运行效益。

对于不同饲养地对肉鹅养殖的贡献率统计结果表明(图3-2)：第1批鹅鹅舍、农田和草地的贡献率分别为3.62%、68.52%和27.86%，农田在肉鹅养殖中的贡献率远超过草地，发挥主导地位，草地成为养殖过程中的一个补充；第2批鹅的鹅舍、农田和草地贡献率分别为4.68%、43.38%和51.94%，草地在养殖中的作用大于农田，这是由于肉鹅放牧与玉米田饲草生长节律不一致造成的，鹅1月龄内期间的环境因素也在其中扮演了非常重要的角色，由此综合因素作用导致草地对第2批鹅的养殖贡献率占据主要地位。由于第2批次的肉鹅养殖占用了大量草地资源，耦合系统的运行效率和效益下降。

当地传统的肉鹅养殖方式是草地牧鹅，而在这种农牧耦合新的生产方式下，第1批鹅养殖过程中，子系统二者间运行节律一致，摆脱了耦合系统外界因素的制

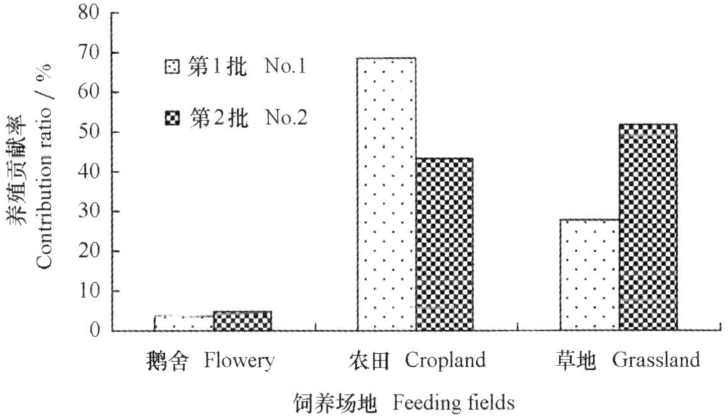

图3-2 饲养场地对肉鹅养殖的贡献率

Fig. 3-2 Contribution ratio for the goose feeding among different feeding fields

约，农田放牧发挥了主导作用，传统的草地放牧方式发生质的改观，从而提高了耦合系统的运行效益，而第 2 批鹅却未达到此效果，草地放牧仍在肉鹅养殖中占有主要地位。

3.1.3 讨论和结论

在系统耦合理论指导的实践过程中，农牧耦合系统除面临内部子系统运行过程中产生的时间相悖、空间相悖和种间相悖外，还会面临着外部环境的制约，外部因素的不利影响会激荡内部 3 个相悖，从而加重了相悖群的不利后果。如何调整试验过程中植物生产系统和动物生产系统之间有机物的协调供应，需要克服两者间运行节律相差所造成的时间相悖、空间相悖和种间相悖（任继周等，1995），是本研究需要克服的难点所在，肉鹅青绿饲料需求与玉米田饲草生长节律一致性与否，以及幼鹅 1 月龄内的环境温度条件差异，导致了不同批次鹅放牧场地对肉鹅养殖的贡献率差异，不同批次肉鹅产生了不同的养殖效果，适期进鹅、适期放牧是肉鹅饲养成功的关键。试验所进行的由作物（玉米＋饲草）种植和动物（肉鹅）养殖构成的耦合系统，在鹅群放牧场存在明显的时空转移现象，即农田（6—9 月）→草地（9—10 月）的总体趋势，农田在养殖过程中的贡献率的提高，有利于充分利用植物生长季节农田植物饲料盈余的特点，适当放牧饲养肉鹅，减少牧鹅对草地的依赖，缓解当地草地过牧而导致的土壤退化压力（吴乐知等，2003；李建东等，1997；方华军等，2003），有利于系统运行效率和运行效益的提高。该农牧耦合生态系统与宁夏平罗县牧区育成、农区育肥的畜牧业生产系统，河西走廊山地、荒漠和绿洲轮牧地耦合系统等相比（任继周等，1995；王宁等，2000；杨艳鲜等，2008；McNaughton *et al.*，1997；Briske *et al.*，2003），虽然生产规模很小，但由于避免了社会流通环节对农牧系统耦合的限制，非常适合当今松嫩平原以户为主的农业生产基本单位进行组织生产，在提高农业生态系统的运行效率和生产效益的同时，有利于将农业人口生产活动相对固定在这种生产方式上，从而缓解农民经济生产对生态环境破坏的压力。今后应立足于我国传统农业技术精华与现代农业技术装备相结合的方针，加强松嫩平原农牧交错区农牧耦合生态系统内部运行节律和外部环境条件的研究，逐步建立起适合基本农业生产单位的高效利用农业资源的农业耦合生态系统，以适应我国中长期农业可持续发展的迫切需求。

3.2 不同生产方式下肉鹅养殖场地的贡献及生产效果

藏东南地区农田、林地和草地交错分布，种植业对该地区的经济发展起着重要作用。草地是当地畜禽的主要放牧场所，农田出产的秸秆等饲料仅起到补充作用，但近年来随着放牧压力的增大，在草地资源供应潜力无法在短期内得到有效提高的情况下，充分利用农田闲置生物资源并使之生产畜禽产品，就成为缓解草场放牧压力的一条重要途径。

在以往农田生物资源高效利用方面，“系统耦合”理论指导下的农牧资源耦合（任继周等，1994）、农牧结合等方式是生产的主流，其主要是把农区的秸秆等生物资源用于弥补牧区的饲料缺口，但是在以户为基本生产单位的农牧交错区，由于受到生产效率低下和运输成本等因素影响，杂草、秸秆等大量农田生物资源往往会被闲置浪费，而无法与畜禽生产有机结合。

“农牧一体化”生产方式于 2011 年被提出（关法春等，2011），它有别于区域尺度下 2 个系统之间结合的农牧耦合生产方式，“农牧一体化”生产方式是在田块尺度下在一个系统内农、牧生产同时进行的，植物的生长场地亦是畜禽动物的养殖场地，场地的时空特征，能够反映地位和作用，有助于了解动物对时间、空间资源的利用程度及相互关系（Wang *et al.*，2004），从而直接影响养殖活动的生产效率和经济效益。在养殖场地方面以往的研究较为有限，曾有对松嫩平原农牧交错区牲畜放牧场空间转移（吴泠等，2004），对河西走廊耦合农业系统山地、荒漠和绿洲的空间转移（任继周等，1995），对农田和草地之间的放牧草地转移（关法春等，2009）等方面的研究等。目前关于“农牧一体化”生产方式下农田在肉鹅养殖活动中的时空地位和作用的研究尚属空白，为此，通过以传统的草地养鹅方式作为对照，研究“农牧一体化”方式下肉鹅饲养场地的时空变化特征，并通过分析不同饲养场地对肉鹅养殖的贡献，重点研究农田在肉鹅养殖中的地位、作用以及技术效果，旨在为农牧交错区“农牧一体化”生产方式下肉鹅养殖场地的特征与贡献，以及养殖技术应用研究奠定基础。

3.2.1 研究地自然状况

试验地位于西藏林芝地区八一镇西北的章麦村（29°33′N，94°21′E），其地处尼洋河下游河谷，海拔约 3 200 m，属藏东南温暖半湿润气候区，全年平均温度

8.6℃，全年日均温≥10℃的天数为159.2 d，≥10℃积温2 225.7℃，全年无霜177 d；年均降雨量634.2 mm，全年降水分布不均，降水主要集中在6—9月，占全年降雨量71.6%；全年日照时数为1 988.6 h，日照百分率为46%，试验点开阔、无遮荫，光照、通风和灌溉条件良好。

3.2.2 试验材料与方法

1. 试验材料及场地

2010年6月8日购买鹅雏（当地肉鹅土生种，3日龄）90只，育雏场地和后期育肥场地为鹅舍，放牧场地为种植玉米的农田，育肥场地农田种植玉米品种为“酒单3号”，鹅雏在鹅舍舍饲喂养12 d后，于6月18日分成均等两群分别进入玉米农田和相邻草地进行放牧饲养。

2. 试验方法

试验设置2个处理：农田养鹅处理，3次重复，每个重复小区玉米田面积为480 m^2，肉鹅在小区间进行轮区放牧，每小区每次平均放牧时间为3 d；以传统的草地养鹅方式作为对照，根据地表饲草状况保证鹅有足够的采食区域进行放牧。牧鹅早出晚归，夜宿在鹅舍内。每日牧鹅归来后均对鹅群进行点数以统计鹅群数目，进入玉米农田放牧约2周后，每周称量鹅体重1次，在早上放牧前进行，随机抓取5只空腹鹅一同装在塑料箱内称量，3次重复。

统计肉鹅养殖场地变化情况及养殖场地上的肉鹅饲养规模，饲养规模计算公式如式(3-1)。

养殖场地对肉鹅养殖的贡献通过贡献率指标来分析，贡献率主要由饲养持续时间和饲养规模2个指标决定，计算公式如式(3-2)。

3.2.3 结果与分析

1. 养殖场地的空间转移动态

农田养鹅处理的肉鹅养殖场地主要由育雏鹅舍、玉米农田和育肥鹅舍组成，对照处理的肉鹅养殖场地则是育雏鹅舍和草地。不同饲养方式下，肉鹅在养殖场地之间的转移特征变化较大，不同处理在相同时间的育雏阶段之后，农田养鹅处理进行育雏鹅舍（6月5—17日）——农田（6月18日至8月31日）——育肥鹅舍（9月1—15日）及草地养鹅处理进行育雏鹅舍（6月5—17日）——草地（6月18日至9月15日）的空间转移过程。不同处理饲养情况统计结果显示（图3-3）：与传统草地养鹅的主要养殖场地相对，农田已经成为肉鹅的主要养殖场地。

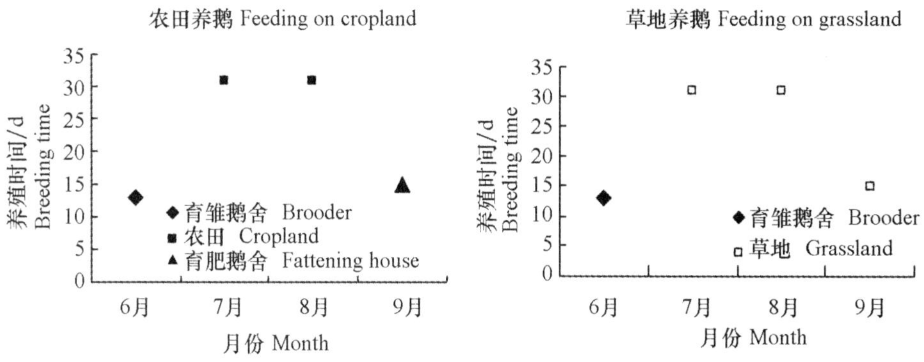

图 3-3 养殖场地的变化动态

Fig. 3-3 Dynamics of feeding space

2. 养殖场地的饲养时间

不同肉鹅养殖场地在饲养时间上的互补和有机衔接，才能使得肉鹅能够完成正常的商品化养殖过程。不同处理下鹅群各养殖场地的养殖时间统计结果表明(图 3-4)，农田养鹅处理育雏鹅舍、农田和育肥鹅舍的养殖时间分别占总饲养时间的 12.62%、72.82%和 14.56%，农田放牧在时间上占据主要地位；在草地养鹅处理下，育雏鹅舍、草地的养殖时间分别占总饲养时间的 12.62%和 87.38%，草地在养殖时间上占据主要地位。

除了育雏阶段相同的舍饲时间以及农田养鹅处理必要的育肥阶段外，不同处

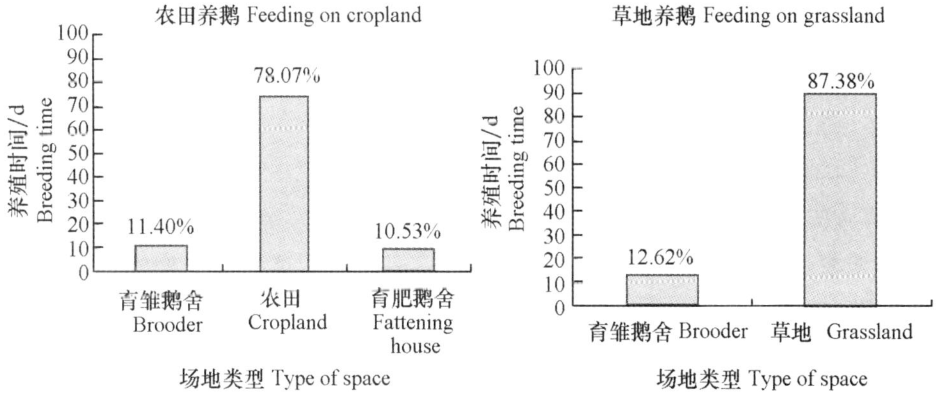

图 3-4 不同饲养场地的饲养时间

Fig. 3-4 Feeding time of the goose among different feeding fields

理下的鹅群放牧场地形成了在鹅舍—农田(或草地)之间的时间转移,农田与草地的作用相似,成为肉鹅养殖时间最长的场所,从而与其他养殖场地在时间上形成良好的互补作用,共同完成鹅群正常的商品化养殖过程,从而较好地解决了农业系统运行过程中经常存在的时间相悖问题。

3. 不同饲养场地对肉鹅养殖贡献率

贡献率综合考虑了饲养时间和饲养规模,体现了不同养殖场地对肉鹅养殖的贡献速率,直接关系到"玉米田养鹅"生产方式下生态系统的运行效率和经济效益。对于不同养殖场地的贡献率统计结果表明(图 3-5):农田养鹅处理下,育雏鹅舍、农田、育肥鹅舍对肉鹅养殖的贡献率分别为 1.42%、74.49%和 24.09%,与草地养鹅处理下草地的贡献率为 98.71%相比,农田在肉鹅养殖中的贡献率低于草地,但仍在肉鹅养殖中占据主要地位。

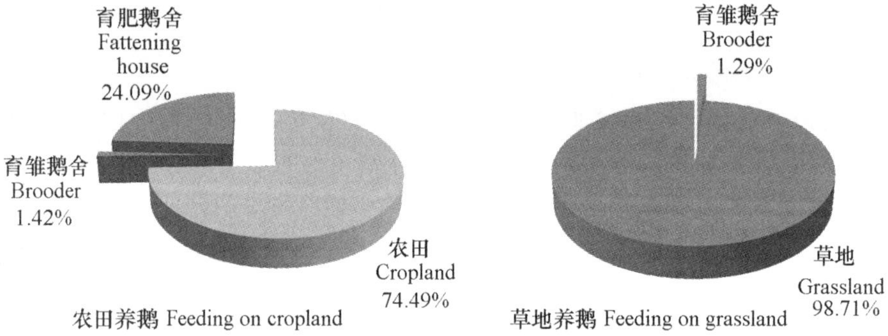

图 3-5 不同养殖场地的贡献率

Fig. 3-5 Contribution ratio for the goose feeding among different feeding fields

农田与鹅舍育雏和育肥相配合,共同完成了肉鹅的整个商品化养殖过程,占用大量草地养鹅的传统方式发生了改变。

4. 不同处理下的肉鹅体重

养殖场地类型对肉鹅的生长影响较大,在饲养前期,处理间肉鹅体重差异极小;中后期(7 月 28 日至 9 月 15 日)处理间肉鹅平均体重差异明显(图 3-6),7 月 28 日至 9 月 15 日,农田养鹅处理下的肉鹅体重一直低于草地养鹅处理,而且随着时间的推移,体重差距越来越大,直到 9 月 1 日,处理间的肉鹅体重差异达到显著水平($P<0.05$);农田养鹅处理的肉鹅在 9 月 1 日开始进入育肥阶段后至 9 月 15 日,体重迅速增加,与草地养鹅处理的肉鹅体重差异逐渐减小,这个阶段虽然农田养鹅处理的肉鹅体重仍低于草地养鹅处理 0.21 kg,但不同处理间差异并不

显著($P>0.05$)，而且前者的肉鹅体重(3.17 kg)完全符合市场销售对肉鹅商品体重的要求。

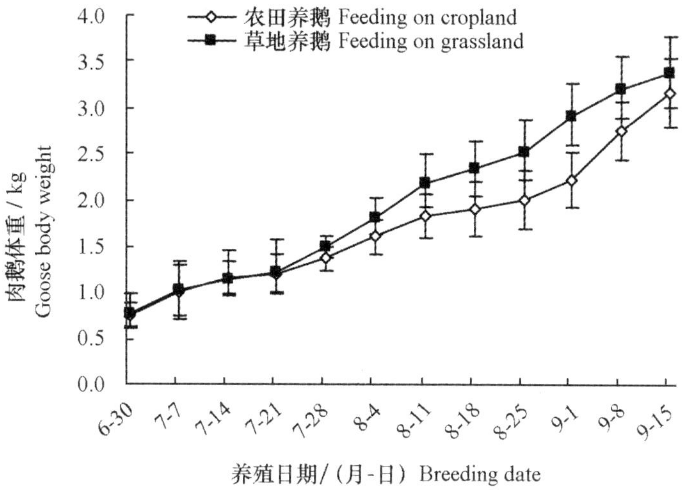

图 3-6 不同处理下的肉鹅体重

Fig. 3-6 Average weight of different treatments

5. 肉鹅养殖经济效益分析

不同处理方式下肉鹅养殖均取得较好的经济效益，但生产效益差异较为明显(表 3-2)。农田养鹅处理每只肉鹅的支出为 27.00 元，肉鹅销售后获得的收入为 63.40 元，计算得到净收入为 32.4 元；而草地养鹅处理统计后每只鹅的净收入比农田养鹅处理高 14.0 元。草地养鹅的经济效益明显要高于农田养鹅处理。

表 3-2 不同处理下的单只肉鹅效益分析

Tab. 3-2 Estimates of economic benefits for different treatments

处理 Treatments	鹅出栏体重/kg Average weight	支出/元 Expenditure	总收入/元 Gross income	净收入/元 Net income
农田养鹅 Feeding on cropland	3.17	27.00	63.40	32.4
草地养鹅 Feeding on grassland	3.38	17.00	67.60	46.4

3.2.4 讨论

当前由于草地的退化和草场资源的短缺，传统的草地养鹅规模发生很大的变化。“玉米田养鹅”生产方式下，利用农田内的青饲料资源来养鹅，从而替代草地养鹅，其在农业生产上的意义重大。农田能否替代草地来成功养鹅，其中的关键在于“农牧一体化”生产方式下养殖场地之间能否实现有序结合，完成肉鹅在不同阶段的生长过程，以及较为经济的农田养殖在肉鹅养殖过程中的地位和发挥的作用。

从研究的结果来看，“农牧一体化”生产方式下农田在利用时间和对肉鹅养殖的贡献上均占据主要地位，从肉鹅出栏时的体重对比分析结果来看，农田养殖的肉鹅体重已经接近传统草地养殖的肉鹅体重，并符合市场要求，替代草地的农田养鹅模式已经成功建立。因此，“农牧一体化”生产方式下的农田养鹅也存着类似河西走廊农业系统内的空间转移和时空有序结合的现象，从而有效解决了农牧结合系统运行过程中经常出现的时间相悖、空间相悖现象的发生(林慧龙等，2004)。

在“农牧一体化”生产方式下的肉鹅养殖作为一种替代模式，摆脱了传统上肉鹅养殖对草场的依赖，其在技术上效果较为明显。不同方式下的肉鹅养殖均取得较好经济效益，虽然在生产经济效益上，农田养鹅的经济效益低于草地养鹅，这主要是因为草地在后期有牧草籽进行补充，无须进行育肥，而农田内的肉鹅饲草条件不如草地，农田养的鹅后期需要育肥才能达到商品体重，从而增加了养殖成本，但玉米田养鹅所产生的经济效益也能满足一般生产期望，尤其在当前在面临草地资源匮乏的情况下，今后可通过“农牧一体化”下的规模化玉米田养鹅生产，获得规模效益。因此占用大量草地的传统养鹅方式将有望发生改变。

3.2.5 结论

肉鹅养殖场地存在明显的空间转移现象；不同处理下农田和草地对肉鹅养殖的贡献率分别为 74.49%和 98.71%，农田在肉鹅养殖中的贡献率低于草地，但仍在肉鹅养殖中占据主要地位；农田养鹅处理的肉鹅出栏体重比草地养鹅处理的肉鹅体重减少 0.21 kg，与草地养鹅处理差异不显著($P>0.05$)，而且达到了商品销售对体重的要求；草地养鹅每只肉鹅的净收入高于玉米农田养鹅收入 14 元，前者产生的经济效益明显高于后者。

3.3 不同养殖场地时空特征下的鹅生长发育状况

鹅作为一种草食性动物，在生长期间需草量较大，生产上一直流传着“3只鹅1只羊”的说法来形容鹅的采食量之大。传统上的肉鹅养殖是在村落或城郊周边的草地上进行，由于西藏草地资源承载牲畜的压力过大，肉鹅养殖饲草资源较为紧缺，导致肉鹅发展受限。针对西藏肉鹅养殖饲草资源紧缺的问题，一般情况下可以采用调运精饲料舍饲、种草养鹅、异地调草等途径来解决，但是考虑到西藏农牧民的养殖技术水平以及经济风险，以上方法很难解决受限于当前饲草资源短缺导致的肉鹅养殖问题。

如何根据西藏当地的自然资源状况与农牧民的生产习惯，探索一条肉鹅养殖之路，是实现农牧民增产增收的迫切需求，具有较强的现实意义。在农田内通过合理利用系统内的生物资源发展畜禽养殖业是生产上重要的发展途径（任继周等，2005），如秸秆养殖畜禽等（高利伟等，2009），但秸秆养殖一般仅限于在动物生长的后期阶段，目前在利用农田秸秆等闲置生物资源解决肉鹅前期和中期饲养问题的研究上基本属空白。

“农牧一体化”生产方式于2011年被提出（关法春等，2011），其核心是在种植和养殖活动在一个田间系统内同时进行，利用玉米（*Zea mays*）田内的杂草和底层玉米叶片饲鹅是其主要技术模式之一，作为供给饲草的场所，玉米田时空特征及其对肉鹅养殖的贡献，会直接对肉鹅的生长发育产生影响（关法春等，2013），从而直接关系到养殖活动的生产效率和效益。以往曾有对松嫩平原农牧交错区牲畜放牧场空间转移（吴泠等，2004），以及对河西走廊耦合农业系统山地、荒漠和绿洲的空间转移等方面的研究（任继周等，1995），但受限于研究尺度，从农户实用和生产创新角度出发，阐明在田块生态系统下养殖场地对肉鹅生长发育状况的影响，对于能否降低饲养成本、提高生产效益等有着直接影响，从而关系到玉米田养鹅这种模式是否能够应用成功，目前这方面尚未研究。

本文以传统的草地养鹅方式作为对照，研究了“农牧一体化”方式下肉鹅养殖场地的时空变化特征，并通过分析不同养殖场地对肉鹅养殖的贡献，阐明养殖场地对肉鹅个体生长发育的影响过程和结果，以期为今后完善“农牧一体化”生产方式下的理论研究和技术模式应用研究奠定基础。

3.3.1 材料与方法

1. 试验地自然状况

试验地位于西藏林芝地区八一镇(29°33′N,94°21′E),当地具体气象状况和土壤状况参见文献(关法春等,2013)。

2. 试验设计

2012 年 6 月 30 日购买同一品种鹅雏 50 只 (鹅龄 9 d),玉米种植品种为“新绿2008”,播种期为 5 月 6 日,除无须除草外,其他管理按照当地一般玉米种植方法进行。试验设置 2 个处理,农田养鹅处理和草地养鹅处理,其中农田养鹅处理每小区玉米田面积为 52.5 m^2,3 次重复;草地养鹅处理是以农村传统的草地养鹅方式作为对照,草地为院落前后的杂草地,优势种为早熟禾(*Poa annua*),保证鹅足够面积的采食区域(300 m^2),鹅雏在育雏鹅舍舍饲喂养后,选取中等体重、大小相对一致的幼鹅 20 只均分两群,其中 10 只雏鹅 7 月 14 日进入玉米农田饲养,其余 10 只雏鹅 7 月 19 日进入玉米田相邻的草地上的放养,农田养鹅处理幼鹅在放牧期间进行轮区放牧,每小区每次平均放牧时间为 3 d。不同处理牧鹅均早出晚归,确保鹅在傍晚归牧前嗉囊满鼓,夜宿在鹅舍内;9 月 17 日育肥开始,9 月 28 日结束,育肥在育肥鹅舍内进行。养殖期间每周称量鹅体重 1 次(精确到 1 g),每次称重均在早上放牧前或投料前空腹进行,为防止称重过程中鹅混群,称取过的鹅均单独圈置。

当鹅群生活秩序充分稳定并建立后,于 8 月 25—29 日期间,在不干扰鹅群正常活动的情况下,观察白天农田和草地内的鹅群取食、喝水和休息等动物行为的起止时间,并予以记录和统计,个别啄咬等偶发行为时间忽略不计。

3. 数据处理

肉鹅养殖场地对肉鹅养殖的贡献,通过经济贡献率指标来衡量。其中养殖平均增重计算按式(3-1)进行。经济贡献率计算公式如式(3-2)。

试验数据采用 DPS 2000 软件进行差异显著性分析 (LSD 法)。

3.3.2 结果与分析

1. 肉鹅养殖场地的时空动态

不同处理下的肉鹅养殖场地主要由育雏鹅舍、玉米农田(或草地)和育肥鹅舍组成,肉鹅在养殖场地之间的空间转移变化较大。在业已固定的养殖模式下,肉鹅饲养场地的动态统计结果表明:农田养鹅处理下养殖场地呈现育雏鹅舍(6 月 30

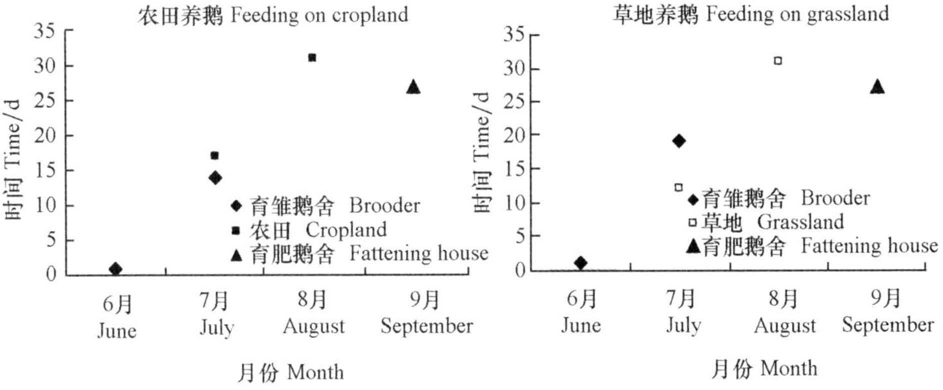

图 3-7 养殖场地的变化动态

Fig. 3-7 Dynamics of feeding space

日至7月13日)→农田(7月14日至9月16日)→育肥鹅舍(9月17—28日)的空间转移动态;草地养鹅呈现了育雏鹅舍(6月30日至7月18日)→草地(7月19日至9月16日)→育肥鹅舍(9月17—28日)的空间转移动态过程。因此,在养殖方式相对固定的情况下,肉鹅养殖场地大体上存在从鹅舍向农田或草地,再向育肥鹅舍转移的空间过程,玉米农田与草地相似(两者之间相差5 d),分别在不同阶段成为肉鹅的主要养殖场地(图 3-7)。

不同肉鹅养殖场地的养殖时间长短直接关系到肉鹅养殖的经济效益。不同处理下各养殖场地的养殖时间统计结果表明(图 3-8):农田养鹅处理育雏鹅舍、农田、育肥鹅舍的养殖时间分别占总饲养时间的16.67%,70.00%和13.33%,草地

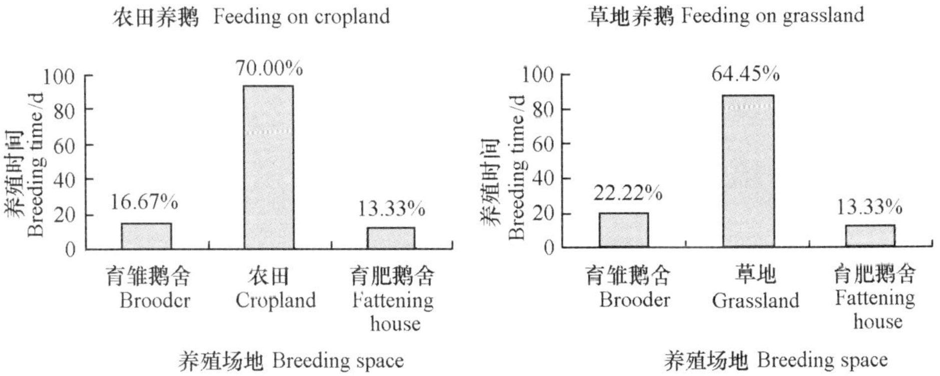

图 3-8 不同养殖场地的养殖时间

Fig. 3-8 Feeding time of the goose among different feeding fields

养鹅处理育雏鹅舍、草地、育肥鹅舍的养殖时间分别占总饲养时间的 22.22%，64.45%和 13.33%。在不同处理整个肉鹅养殖时间相同的情况下，与草地养鹅处理相比，农田养鹅处理下育雏鹅舍养殖时间减少了 5.55%，而农田养殖时间比草地增加了 5.55%，育肥鹅舍养殖时间不变。与草地相似，农田与其他养殖场地在时间上互补，共同完成肉鹅正常的商品化养殖过程。

2. 不同养殖场地对肉鹅养殖的贡献

贡献率综合考虑了养殖时间和养殖规模，反映了养殖场地的重要性，同时农田、草地等低成本场地类型的贡献率大小，也直接影响农田生态系统的运行效率和经济效益。不同养殖场地经济贡献率的试验结果表明(表 3-3)：农田养鹅处理下，育雏鹅舍、农田、育肥鹅舍对肉鹅养殖的经济贡献率分别为 16.28%，56.06%和 29.66%，与草地养鹅处理下各养殖场地的经济贡献率相比，农田养鹅处理育雏鹅舍和育肥鹅舍经济贡献率分别降低了 1.13%和 6.20%，而农田经济贡献率则比草地经济贡献率增加了 7.33%。因此，农田对养鹅的贡献已经超过了传统养鹅方式下草地对养鹅的贡献，从而有利于提高生产效率和养殖经济效益。

表 3-3　不同养殖场地的经济贡献率

Tab. 3-3　Economic contribution ratio for the goose feeding among different feeding fields

处理 Treatments	不同时期的鹅体重 Body weight of different dates of goose/kg			平均经济贡献率 The average of economic contribution ratio/%		
	07-13	09-16	09-29	育雏鹅舍 Brooder	农田(或草地) Cropland or grassland	育肥鹅舍 Fattening house
农田养鹅 Feeding on cropland	0.74±0.06	2.08±0.49	2.81±0.50	16.28	56.06	29.66
草地养鹅 Feeding on grassland	0.75±0.07	2.01±0.19	2.93±0.16	17.41	46.73	35.86

3. 放牧条件下的肉鹅行为

在农田和草地放牧下的肉鹅行为存在明显差异(图 3-9)。草地养鹅处理下的取食、喝水和休息等动物行为占总时间的百分率分别为 67.39%，5.32%和 27.29%，与对照相比，农田养鹅处理取食、喝水行为占总时间的百分率分别减少了

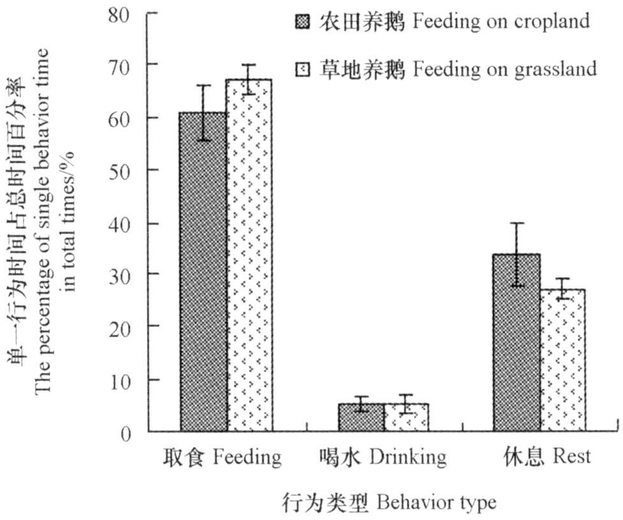

图 3-9 不同处理下的肉鹅行为差异

Fig. 3-9 The difference of behavior of goose under different treatments

6.44%和 0.52%，而休息时间则增加了 6.49%，但不同处理间各行为占总时间的百分率差异不显著。在不同的处理下，鹅群在不同放牧地上取食、喝水和休息等行为出现差异，将直接影响其生长发育状况。

4. 不同处理下的肉鹅生长发育状况

不同处理下肉鹅的生长发育状况出现不同程度的差异。在肉鹅体重指标上(图 3-10-A)，7 月不同处理下的肉鹅平均体重基本相同，差异极小；进入 8 月至进入野外(农田和草地)放牧的末期(8 月 5 日至 9 月 9 日)，草地养鹅处理的肉鹅平均体重明显低于对照，但随着时间的延长，差异逐渐缩小；在 9 月 16 日至 9 月 23 日的育肥初期，农田养鹅处理的肉鹅平均体重高于草地养鹅处理，但在育肥的末期 9 月 26 日，草地养鹅处理的肉鹅平均体重开始超过农田养鹅处理，至育肥结束，草地养鹅处理的肉鹅平均体重(2.93 kg) 已经超过农田养鹅处理的肉鹅平均体重 0.13 kg。不同处理下的肉鹅在 8 月以后的不同发育阶段平均体重出现明显差异，但处理间差异并不显著。

在肉鹅体长指标上(图 3-10-B)，除了放牧初期农田处理的肉鹅平均体重高于对照外，8 月 12 日以后的测量结果均表现为，农田养鹅处理的肉鹅平均体长均低于草地养鹅处理，到育肥末期 9 月 29 日的最后一次测量结果显示：农田养鹅处理的肉鹅平均体长为 42.50 cm，低于对照 0.92 cm。从肉鹅整个放牧、育肥期来看，虽然随着时间延长，农田养鹅处理的平均体长呈现低于草地养鹅处理肉鹅平均体重的趋势，但每次处理间的平均体长测量结果差异并不显著。

不同处理下的肉鹅胫长对比结果与肉鹅体长较为相似（图 3-10-C）。在肉鹅放牧前期 8 月 5 日之前的测定结果显示：农田养鹅处理的肉鹅平均胫长均高于草地养鹅处理，但在 8 月 12 日之后的测定结果均显示，农田养鹅处理的肉鹅平均胫长低于草地养鹅处理，最后一次测量结果的处理间差异达到 0.11 cm。在整个放牧、育肥期内，虽然不同处理间的肉鹅胫长出现差异，但差异不显著。

在肉鹅管围指标上（图 3-10-D），不同处理间的管围数值差异大体上呈现先逐渐扩大又逐渐缩小的趋势，最后一次测量结果的处理间数值差异为 0.17 cm。虽然整个放牧、育肥期农田养鹅处理的肉鹅平均管围均低于草地养鹅处理，但处理间差异不显著。

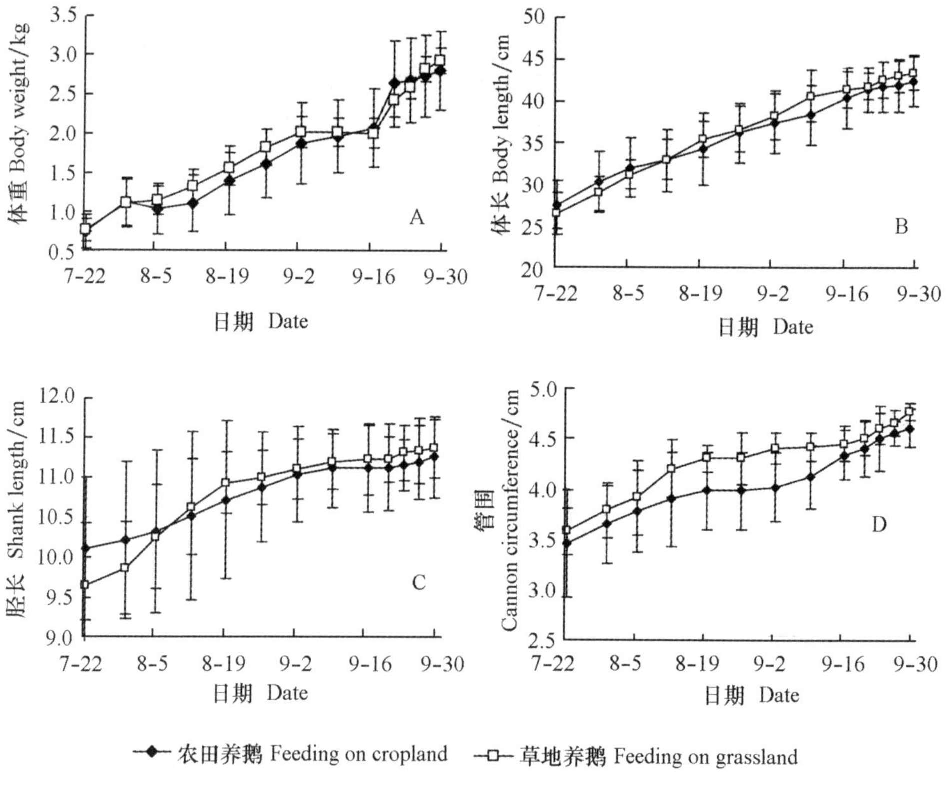

图 3-10　不同处理下的肉鹅生长发育状况

Fig. 3-10　The status of the growth and development of goose

虽然不同处理间的鹅体重、体长、胫长和管围等指标出现差异，但差异不显著，说明在玉米田养鹅这种新兴生产方式下生产的鹅生长发育状况，与传统草地饲养方式下的鹅差异有限。

3.3.3 讨论

除了林下种草养畜、草田轮作等有限的几种生产方式外，传统的主流耕地生产方式更多的是把杂草看成是一种与粮食作物争水争肥争光的竞争者，农民采取各种方式去除杂草。中国作为一个人口大国，承载着巨大的粮食供应压力，同时还要避免掠夺性生产对农业生态系统可持续发展产生影响。为此，在玉米生产上适当改变传统的生产方式，利用农田生态系统内中的生物资源组成之一，即杂草来生产畜禽，是拓展生产渠道、增加单位面积食物供应数量的重要途径(吴泠等，2006)。

“农牧一体化”的核心是把农业生态系统内的一切生物资源看成是食物的来源和支撑，玉米田养鹅，是“农牧一体化”生产方式的技术模式之一(关法春等，2011)。在此模式下，玉米田内生长的杂草和玉米底层叶片均成为鹅的食物来源，玉米田在整个肉鹅养殖过程中的时空特征，能够反映出其对养鹅的贡献大小，同时，不同的养殖场地动物采食等动物行为出现差异，将直接对肉鹅体重等生长发育指标产生影响，从而影响了玉米田养鹅的生产效率和经济效益。

以往在生产场地空间特征方面的研究多是从宏观层面对空间转移下的时空特性进行研究或论证(林慧龙等，2004;任继周等，1994)，而对于畜禽动物个体的生长发育表型特征，则多是从微观尺度研究畜禽生长发育特征、机制和过程等(王宝维等，2013;姜锦鹏等，2007)。在田块尺度下，以一个最小相对独立生产系统为单位，开展生产场地时空特征与畜禽动物生长特性之间关系研究，能够促进生态宏观系统理论融入具体生产过程中，从而对实际生产中具有很强的实用性，同时在此过程中还需要探索新的衡量指标和方法，来建立不同尺度之间的联系(乌云塔娜，2010)。经济贡献率虽然没有体现出养殖场地对于维持肉鹅原有体重的贡献，但与以往研究方法相比(关法春等，2013;吴泠等，2004)，却更加直接反映了肉鹅在不同养殖场地上的体重增幅，从而直接关系到生产效率和生产效益，因而经济贡献率指标在衡量养殖场地上的贡献上更加适宜。

3.3.4 结论

在相对固定的养殖模式下，不同处理养殖场地大体上存在从育雏鹅舍→农田或草地→育肥鹅舍转移的空间过程；玉米农田养殖时间占总饲养时间的百分率超过草地养鹅 5.55%，玉米农田经济贡献率比草地高 7.33%，农田在养殖过程中的作用已经超过草地，成为肉鹅的主要养殖场地；与草地养鹅相比，农田养鹅处理取食、喝水行为占总时间的百分率分别减少了 6.44%和 0.52%，而休息时间则增加了 6.49%，不同养殖场地内的鹅行为发生差异；在试验期内，总体上草地养鹅处理下的肉鹅体重、体长、胫长、管围呈现高于农田养鹅处理的趋势，但处理间差异不显著。“农牧一体化”生产方式下不同养殖场地在时间空间上的有序配合，能够完成肉鹅的商品化养殖过程。

4 “农牧一体化”生产模式的养分吸收与养分平衡特征

农业生产是西藏经济和社会发展的重要支柱。随着现代化农业的发展，农业生产对土壤环境以及水体环境的影响备受国内外学者的关注(Kreuger, 1998；陆欣等, 2002；Dalal *et al.* , 1991)。在西藏，为增加生产效益，全区化肥的使用量不断增加，2012 年化肥使用量已达到 14.3 万 t，为 1993 年的 1.8 倍(Wang, 2014)。西藏主要的农业产区集中在“一江两河”地区，大量化肥施用一方面可能会造成大量营养元素(如 N 和 P)通过淋溶进入河流，另一方面通过氨挥发和反硝化作用进入大气，进而造成水体富营养化和增加温室气体的排放等面源污染(唐旭等, 2013；Aulakh *et al.* , 2001；Six *et al.* , 2004；赵荣芳等, 2009)，而这一系列的环境破坏将可能是对高原脆弱生境的“致命一击”。因此对农业生态系统中养分投入和支出的监测是必要的，其投入和支出之间的平衡是评价农业可持续生产的重要指标(Francis *et al.* , 1993)。

农田生态系统养分吸收与平衡是影响系统生产力和环境质量的重要过程(王俊华等, 2011)。肥料投入虽能提升土壤肥力并保障粮食高产，但过量施肥、忽视环境本身养分供应以及作物对养分的需求，也会使资源利用效率降低并增加环境风险(唐旭等, 2013)。养分平衡(nutrient balance)和养分收支(nutrient budget)等方法通过监测某一时期内系统中养分的输入和输出来评价该时期内养分(N、P 和 K 等)的盈余和亏缺状态，从而推断养分利用效率高低和存在的环境风险。这些方法因其直接和有效等特点在不同领域和不同尺度的研究中得到广泛应用(李书田等, 2011；鲁如坤等, 2000；张帆等, 2012)。Paltridge 等(2011)通过对西藏的土壤物理性质、化学性质和主要经济作物农区的土壤养分现状进行分析，指出，西藏农区土壤多为沙壤土，pH 呈碱性，有机质含量低，K 和 Zn 元素含量同样较低，同时在作物叶片中 K、Zn 和 Mg 元素缺乏，农田在产出谷物的同时只投入了 N 和 P 肥料，缺乏 K 和 Zn 的投入，养分严重失衡。

玉米田养鹅是“农牧一体化”理论的技术模式之一，当前研究主要集中在田间杂草防控(沙志鹏等, 2014)、多样性的维持(张宇阳等, 2014)以及生产—生态效益的评价(沙志鹏等，2013;关法春等，2013)等方面,但针对“农牧一体化”生产模式下的养分循环与平衡方面的研究仍较少。为此,本研究通过对“农牧一体化”生产方式下的“玉米田养鹅”模式的 N、P 和 K 养分吸收利用以及养分收支特点进行探索研究,阐明“玉米田养鹅”农田系统中主要养分 N、P 和 K 的投入和产出情况,以期明确“玉米田养鹅”生产模式对养分吸收、利用和平衡特征的影响,为今后寻求“玉米田养鹅”模式合理养分管理途径和推动技术模式的生产应用提供科学依据。

4.1 材料与方法

4.1.1 研究区概况

试验地点位于西藏林芝地区八一镇章麦村(29°33′N,94°21′E),当地具体气象状况和土壤状况参见文献(关法春等，2013)。供试土壤类型为棕壤土,土壤有机质 14.50 g/kg,全氮 0.77 g/kg,全磷 1.09 g/kg,全钾 2.57 g/kg,阳离子交换量 21.9 cmol/kg。

4.1.2 试验设计

试验地过去耕作制度为油菜—冬小麦—春青稞轮作。本试验于 2013 年 5 月 9 日进行玉米播种和覆膜,玉米品种为“酒单 4 号”,玉米株、行间间隔均为 70 cm,施复合肥作为底肥(用量:240 kg/hm^2;组成:N 33%,P_2O_5 17%,K_2O 17%,有机质 20%),同时覆膜。玉米农田内设置两种生产方式:玉米田养鹅(rising geese in corn field, RGICF)和常规玉米种植(conventional corn planting, CK),重复 3 次,小区面积为 80 m^2。玉米田养鹅处理的农田一直不除草,小区四周用约 50 cm 高尼龙网围封,8 月 7 日放入雏鹅,为确保杂草的持续供应以及减少鹅对作物的干扰,玉米田养鹅处理的养鹅数量为 10 只,并在 3 个小区内轮流放牧,一个小区连续放牧 3 日后转移到下一个小区。于清晨放入肉鹅,白天供应充足水源,夜间收回肉鹅以防天敌为害,并投加复合饲料(100 g/只),9 月 28 日养鹅结束。对照使用除草剂“玉雕”(成分:莠去津,90%;硝磺草酮,10%)来进行杂草管理,施用量为 1.65 kg/hm^2(溶于 120 L 水),利用背式喷雾器进行喷施,喷头处罩上自制罩头避免除草剂飘散,播种后第一次施用,50 d 后再次施用。各处理在整个生育期均未进行灌溉,且其他生产措施均相同。

4.1.3 各处理中物质投入和产出分析

在玉米田养鹅处理和对照的养分投入主要包括化肥、大气干湿沉降和种子带入的养分量。其中化肥养分投入量按实际养分含量计算，并换算成 N、P_2O_5 和 K_2O 投入；湿沉降带入养分量，通过耕地面积乘以湿沉降带入养分速率计算，N 素干沉降带入养分量通过耕地面积乘以 N 素干沉降带入养分速率计算，其中 N 素干沉降带入养分速率为 2.90 kg/(hm^2 · 年)，N 素湿沉降带入养分速率为 2.64 kg/(hm^2 · 年)(邵伟，2009)。在玉米田养鹅处理中，雏鹅、鹅饲料以及所产生的粪便参与玉米田养鹅系统的物质流动和养分平衡，各部分养分投入根据所含 N、P_2O_5 和 K_2O 的量进行计算。

玉米田养鹅处理的养分产出主要包括玉米籽粒、秸秆、鹅和肥料损失；对照的养分产出主要包括玉米籽粒、玉米秸秆和肥料 N 损失。肥料的 N 和 K 素损失是主要的养分损失，但当阳离子交换量超过 40 mmol/kg 时 K 的淋失可以忽略不计(Yu，2009)，此外 P 的损失较少(0.2%～0.3%)(Phong *et al.*，2011)忽略不计。因此，本研究中仅计算了 N 素的养分损失，其损失途径主要包括淋失、径流、氨挥发以及反硝化作用，淋失与径流的 N 损失($N_{leaching,\ runoff}$)计算公式为(Ma *et al.*，2010)：

$$N_{leaching,runoff} = 21.37 + (P/C \times L) \times (0.0037 \times N_f + 0.000061 \times O_c - 0.00362 \times N_u) \quad (4\text{-}1)$$

式中，P 为每年的沉降量，C 为黏土含量，L 为作物根长，N_f 为有机肥和化肥的使用量，O_c 为土壤有机碳含量，N_u 为作物吸收的 N 量。由上述公式计算可知，玉米田养鹅处理 N 素通过淋失与径流的损失量为 11.32 kg/(hm^2 · 年)，对照的为 7.88 kg/(hm^2 · 年)；在氮素气体损失(gaseous loss)中氨蒸发量为所施肥料的 11%(Wang *et al.*，2014)，反硝化作用所损失氮的测定：从 4 月 1 日开始至 10 月 15 日(1—3 月和 11—12 月)，每个月 1 日和 15 日进行，通过气体静态箱-气相色谱法测定 N_2O 的排量。静态箱大小 50 cm×50 cm×50 cm。采用时间为上午 9:00～11:00，分别于罩箱后 0、10、20 和 30 min 用注射器抽取 100 mL 气体于预先抽真空的气袋中待测气体浓度。N_2O 气体浓度通过 Agilent7890A 气相色谱测定，ECD 检测器，温度 350℃，柱温 55℃。计算不同处理 N_2O 通量，并换算不同处理生育期内反硝化作用的 N 排量。其中玉米田养鹅为 1.32 kg/(hm^2 · 年)，对照为 1.23 kg/(hm^2 · 年)。

4.1.4 样品采集与分析

玉米籽粒于播种前收集，磨碎，过 0.4 mm 筛，测定前于 80℃烘箱恒温干燥 24 h，待测 N、P 和 K 含量；玉米植株于 2013 年 10 月采集，每个小区采集三株标准株，采回立即放入 105℃烘箱，杀青 20 min，随后于 80℃烘箱烘干至恒重，植株粉碎，过 0.4 mm 筛，待测 N、P 和 K 含量；收获玉米籽粒烘干恒重后与播种籽粒处理方式相同。

8 月 4 日养鹅开始即收集鹅粪，每小区设置 5 个 50 cm×50 cm 的固定小样方，每日放牧后收集样方内鹅粪，带回称重，风干后再次称重，磨碎，过 0.15 mm 筛，待测 N、P 和 K 含量。鹅粪主要是由鹅田间放牧时采食杂草、作物底部叶片以及其他田间食源所转化的，夜间投入饲料所转化的粪便未施入田间。

玉米籽粒、植株以及鹅粪的 N、P 和 K 含量测定，采用 H_2SO_4-H_2O_2 消煮(LWY84B 型控温式远红外消煮炉，四平电子科技研究所，吉林四平)，全氮采用奈式比色法(755B 紫外可见分光光度计，上海菁华科技有限公司，上海)，全磷采用钒钼酸铵比色法，全钾采用火焰光度法(FP6410 火焰光度计，上海悦丰仪器仪表有限公司，上海)。

4.1.5 养分运移、利用和平衡的计算

养分收获指数(nutrient harvest index)(唐旭等，2013)：

$$NHI_i = N_{G_i}/N_{AG_i} \tag{4-2}$$

式中，NHI_i 为 i 养分收获指数；N_{G_i} 为籽粒中 i 养分含量；N_{AG_i} 为地上部分 i 养分含量。

养分吸收效率(nutrient absorption efficiency)(Liu *et al.*，2015)：

$$NAE_i = AN_i/A \tag{4-3}$$

式中，NAE_i 为 i 养分的吸收效率；AN_i 为 i 养分的吸收量；A 为土地面积。

养分利用效率(nutrient utilization efficiency)(Liu *et al.*，2015)：

$$NUE_i = CY/AN_i \tag{4-4}$$

式中，NUE_i 为 i 养分的利用效率；CY 为作物产量。

整个生育期某养分的流通总量(投入或支出)：

$$F = \sum_{i=1}^{n} Q_i C_i \tag{4-5}$$

式中，F 为某养分在生育期内的流通总量(投入或支出)；n 为养分投入或支出途径；Q_i 为支出物质的数量(如种子和化肥的质量)；C_i 为某物质中某养分的含量。

本研究中，某养分表观平衡(唐旭等，2013)为：

$$\Delta AB_i = I_{(S_i+F_i+AS_i)} - O_{(Y_i+L_i)} \tag{4-6}$$

式中，ΔAB_i 为 i 元素的表观平衡(apparent balance)；S_i 为种子所投入的 i 养分；F_i 为肥料中所投入的 i 养分；AS_i 为大气沉降(atmospheric deposition)所投入的 i 养分；Y_i 为产品中所产出 i 养分；L_i 为 i 养分的损失如肥料损失。

4.1.6 数据处理

利用 Excel 2003 和 SPSS 21.0 统计软件对不同处理的养分吸收利用以及养分收支进行计算，采用 t-检验进行差异显著性分析，采用皮尔森相关系数(Pearson correlation coefficient)进行相关性分析，运用 Origin 9.0 进行绘图。

4.2 结　果

4.2.1 不同处理下玉米秸秆和籽粒养分含量

玉米田养鹅处理下玉米籽粒 N、P 和 K 养分含量分别为 15.62、2.20 和 8.49 mg/g，对照为 16.82、2.37 和 8.49 mg/g(图 4-1)，处理间并未发现显著差异($P>0.05$)；玉米田养鹅秸秆 N、P 和 K 养分含量分别为 14.29、1.65 和14.69 mg/g，对照为 14.75、1.78 和 14.56 mg/g，处理间并未发现显著差异($P>0.05$)。

4.2.2 不同处理下玉米产量与地上部分养分吸收的关系

N 素吸收量是限制对照处理产量提高的主要因子之一(图 4-2)，氮素吸收量与产量关系达到显著水平($P<0.05$)，但在玉米田养鹅处理中，地上部分的氮吸收量与产量的相关性并未达到显著水平($P>0.05$)；在两种处理中，P 素的吸收与产量相关性均达到显著水平，且玉米田养鹅处理下，P 素的吸收与产量相关性达到了极显著水平($P<0.01$)；从 K 素的吸收与产量的线性关系来看，玉米田养鹅处理地

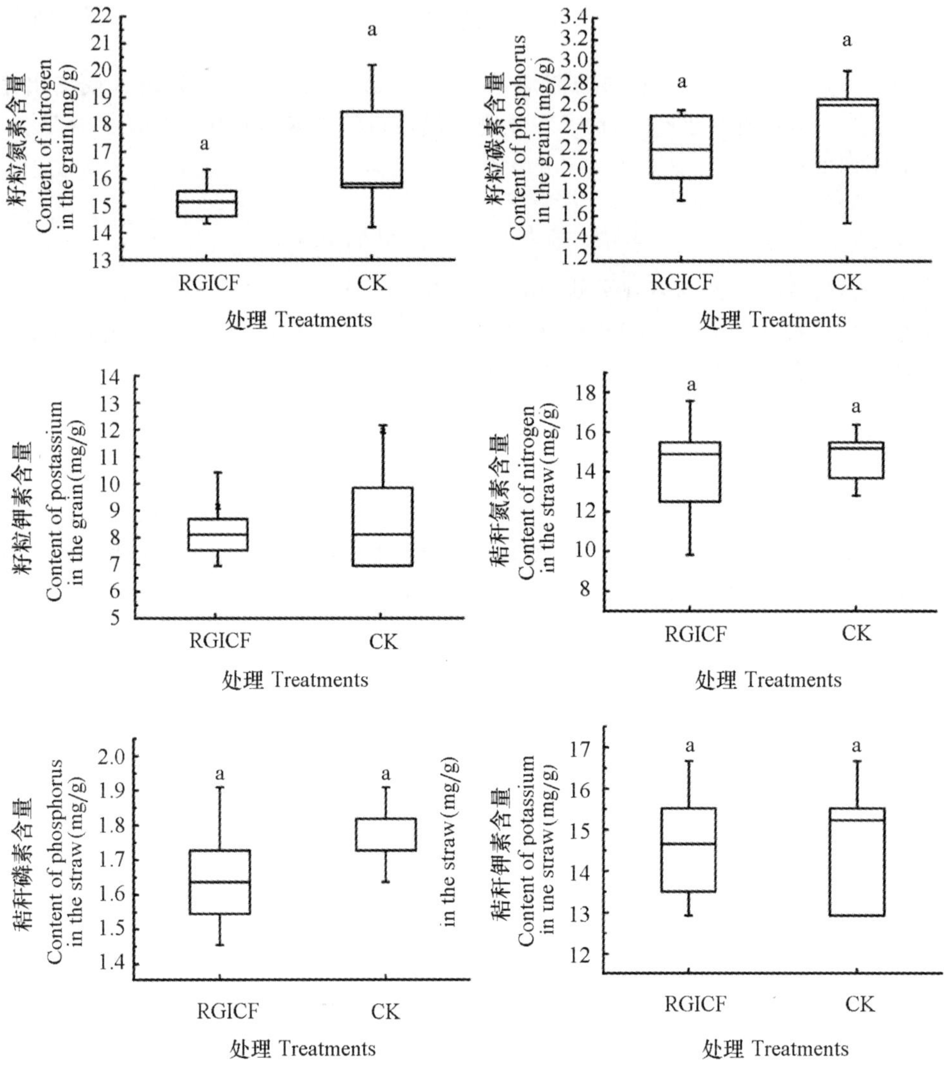

图 4-1　不同处理下玉米籽粒和秸秆养分含量

Fig. 4-1　Nutrients contents in corn grains and stalks relative to treatment

RGICF 表示玉米田养鹅处理，CK 表示常规玉米种植的对照；
不同小写字母表示在 0.05 水平上差异显著，下同。
RGICF stands for the treatment of raising geese in corn field, CK for control of conventional corn planting; Different lowercase letters indicate a difference at the 0.05 significance level, the same below.

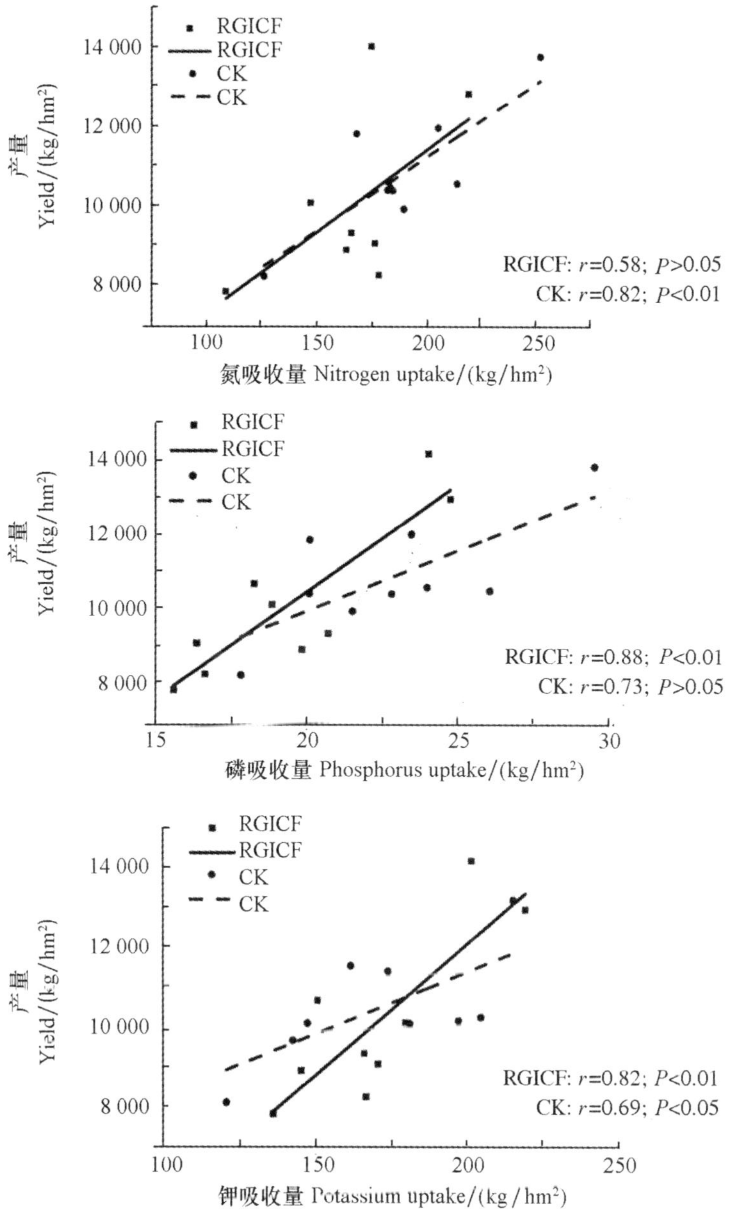

图 4-2 玉米产量与地上部分养分吸收的关系

Fig. 4-2 Relationship between corn yield and above-ground nutrient uptake

r 表示皮尔森相关系数，P 表示相关系数的显著性

r for Pearson correlation coefficient and P significance of correlation coefficient

上部 K 素吸收与产量的相关性大($P<0.01$),与之相对,由于 K 素向籽粒的分配较少而累积在秸秆中的比例较大,对照处理地上部 K 的吸收量与产量的相关性不显著 ($P>0.05$)。总体而言,玉米田养鹅处理各养分的吸收量与产量的相关性大小依次为 P>K>N,对照为 P>N>K。

4.2.3 不同处理下养分收获指数以及养分吸收与利用效率

从表 4-1 中可以看出,玉米田养鹅处理的 N、P 和 K 养分收获指数与对照相比无明显差异($P>0.05$);与养分收获指数相同,玉米田养鹅处理的养分吸收和利用效率与对照之间均无显著差异($P>0.05$),总体而言,玉米田间放养鹅对玉米籽粒养分吸收、积累和利用均未造成显著影响。

表 4-1 不同处理下养分收获指数以及养分吸收和利用效率

Tab. 4-1 Harvest index, absorption efficiency and utilization efficiency of nutrients relative to treatment

处理 Treatment	养分收获指数 Harvest index /%			养分吸收效率 Absorption efficiency /(kg/hm^2)			养分利用效率 Utilization efficiency /(kg/kg)		
	N	P_2O_5	K_2O	N	P_2O_5	K_2O	N	P_2O_5	K_2O
玉米田养鹅 RGICF	48.8±4.15a	53.4±3.77a	33.2±2.28a	323±56.2a	41.6±8.96a	255±38.5a	31.5±3.65a	245±25.4a	39.7±4.91a
对照 CK	49.3±2.80a	52.9±3.65a	33.1±3.73a	369±67.8a	47.9±8.53a	276±54.3a	29.6±3.15a	229±36.4a	39.9±5.66a

注:同一行内不同小写字母表示在 0.05 水平上差异显著。

Note: Different lowercase letters in the same line indicate a difference at the 0.05 significance level.

4.2.4 不同处理下养分投入、产出以及表观平衡

玉米田养鹅处理与对照相比增加了鹅、饲料和有机肥的养分投入(表 4-2),其中饲料所含 N、P_2O_5 和 K_2O 分别占总养分投入的 19.0%、17.6%和 8.38%,有机肥的三种养分投入分别占 20.5%、9.42%和 40.4%;此外化肥在系统养分投入中也占较大比例,玉米田养鹅处理中,化肥所含 N、P_2O_5 和 K_2O 分别占总养分投入的 55.1%、70.1%和 50.0%;对照化肥所含 N、P_2O_5 和 K_2O 分别占总养分投入的 94.6%、99.7%和 98.3%。

养分产出主要包括玉米籽粒、秸秆和肥料损失。与对照相比,玉米田养鹅处理

的支出养分还有鹅的损失，鹅所产出的 N、P_2O_5 和 K_2O 养分支出分别占总养分支出的 3.98%、14.3%和 0.27%，玉米籽粒和秸秆产出所含 N、P_2O_5 和 K_2O，分别占玉米田养鹅处理总支出养分的 43.6%、46.2%、33.4%和 45.7%、39.6%、66.3%，肥料损失中所含 N 占总支出养分的 6.76%；对照的养分支出中，玉米籽粒和秸秆的产出占较大比例，其籽粒产出所带走的 N、P_2O_5 和 K_2O 分别占总支出养分的 47.2%、53.4%和 33.3%，秸秆产出所带走的 N、P_2O_5 和 K_2O 分别占总支出养分的 48.2%、46.6%和 66.7%；化肥损失的养分支出量占总支出量的比例较小，其支出中所含 N 占总支出养分的 4.62%。

表 4-2 不同处理的养分投入、产出以及表观平衡

Tab. 4-2 Nutrient inputs, output and apparent balance in the relative to treatment

kg/(hm² · 年)

处理 Treatment	玉米田养鹅 Raising geese in corn fields			对照 CK		
	N	P_2O_5	K_2O	N	P_2O_5	K_2O
养分投入 Nutrient inputs						
种子 Seeds	1.79	0.14	0.72	1.79	0.14	0.72
化肥 Chemical fertilizer	79.2	40.8	40.8	79.2	40.8	40.8
干沉降 Dry deposition	1.45	—	—	1.45	—	—
湿沉降 Wet deposition	1.32	—	—	1.32	—	—
雏鹅 Baby geese	3.15	1.50	0.15	—	—	—
饲料 Fodder	27.4	10.3	6.84	—	—	—
有机肥 Organic fertilizer	29.4	5.48	33.1	—	—	—
投入合计 Total input	143.7	58.18	81.60	83.76	40.94	41.52
养分支出 Nutrient outputs						
玉米籽粒 Corn seeds	157	22.4	84.5	182	25.5	91.8
秸秆 Stalk	165	19.16	171	187	22.4	185
鹅 Geese	14.5	6.90	0.69	—	—	—
养分损失 Nutrients loss	24.59	—	—	17.82	—	—
支出合计 Total output	347	48.5	256	387	47.9	276
表观平衡 Apparent balance	−218	9.68	−174	−303	−7.00	−235

注:“—”表示该处理未出现该项，下同。

Note: The “—” indicate that this item was not available in this treatment, the same below.

物质与养分的投入和产出直接影响着养分的表观平衡(表 4-2),玉米田养鹅处理 N、P_2O_5 和 K_2O 养分的总投入分别高于对照 71.5%、42.1%和 96.5%,与之相反,对照的 N 和 K 养分的产出要分别高于玉米田养鹅处理 6.94%和 8.38%;在对照中 P 的产出较养鹅处理低 1.14%,处理间差异均不显著($P>0.05$)。不同处理均存在较低的养分投入以及较高的养分产出的情况,养分收支不均,尤其是 N 和 K 在产出后严重亏缺,与玉米田养鹅处理相比,对照的 N 和 K 养分亏缺量高出 39.0%和 34.9%,处理间差异显著($P<0.05$),对照 P 亏缺较小,但玉米田养鹅处理 P 出现少量盈余,处理间差异极显著($P<0.01$)。

4.2.5 不同处理下的经济效益

从表 4-3 可以看出,玉米田养鹅处理玉米产量较对照减少了 6.22%,处理间差异不显著($P>0.05$);玉米田养鹅处理的总收入是对照处理的 2.11 倍,而由于较大的经济投入,玉米田养鹅处理的产投比低于对照处理 0.19,但就净收益来言,玉米田养鹅处理是对照处理的 1.64 倍。

表 4-3 不同处理下经济投入—产出结构以及经济效益

Tab. 4-3 Economic input-output structure and economic benefits relative to treatment

处理 Treatment	总投入 Total input/(元/hm^2)	出栏鹅 Geese/(元/hm^2)	玉米 Corn/(元/hm^2)	总收入 Gross income/(元/hm^2)	净收入 Net income/(元/hm^2)	产投比 Output/Input
玉米田养鹅 Raising geese in corn fields	31 678	24 960	20 270	45 230	13 552	1.43
对照 CK	13 329	—	21 615	21 615	8 286	1.62

4.3 讨论

4.3.1 不同处理对养分吸收和利用的影响

养分收获指数(HI)是衡量作物利用所获得的养分进行籽粒生产的效率(Fageria *et al.*, 2005),HI 与作物产量、养分积累(尤其是在玉米吐丝后)和转移关系密切(Liu *et al.*, 2015)。在本研究中,玉米田养鹅 N、P 和 K 养分的 HI 分别为 48.8%、53.4%和 33.2%，对照分别 49.3%、52.3%和 33.1%，可以看出处理间 HI 的差异不显著，而与前人研究相比（N、P 和 K 养分的 HI 分别为 58%、79%和 33%）(Bender *et al.*，2012)，N 和 P 的 HI 较低，这主要是高原环境条件限制造成的产量较低引起的(Tashi *et al.*，2002)。养分吸收效率(AE)是衡量作物在单位面积内获得养分的效率，AE 与养分的吸收量呈正相关关系。本文中玉米田养鹅处理的 N、P 和 K 养分在籽粒和秸秆中的含量以及作物产量与对照相比均无显著差异(图 4-1)，说明玉米田间放牧鹅对玉米养分吸收和生产的影响较小，其各养分的 AE 与对照相比无明显变化。对于 K 素的吸收和积累，不同处理下秸秆中 K 的含量均要高于籽粒，这与胡昌浩和潘子龙(胡昌浩等，1982)的研究相同，也正因为 K 素的分配特点，不同处理地上部分 K 素的吸收量与产量之间的相关性不显著。养分利用效率(UE)是衡量农业生产效率的主要指标，其综合考虑了总经济产出与土壤养分和投入养分资源利用的关系(Cassman *et al.*，2002)，玉米 N、P 和 K 的 UE 范围分别是 21～64、126～384 和 20～90 kg/kg，本研究玉米田养鹅处理和对照均在此范围内，但处理间养分 UE 无明显差异(表 4-1)。

4.3.2 不同处理对养分表观平衡和经济效益的影响

农田生态系统主要元素如 N、P 和 K 的平衡是养分管理和农业可持续发展的关键。本研究中，由于籽粒和秸秆的大量养分产出使得不同处理下系统内 N 和 K 养分出现严重赤字，N 和 K 肥的投入量不足是引起养分赤字的可能原因之一(Cassman *et al.*，2002)，但玉米田养鹅的养分亏缺要低于对照，这主要是玉米田养鹅处理中养分的投入较多，尤其是饲料和有机肥的额外投入一定程度补偿了种植系统产出的大量养分，并使得玉米田养鹅处理中 P 素出现少量盈余。秸秆作为主要的养分产出，探索合理的秸秆循环利用方式可能是解决不同处理下养分亏缺的有力途径。玉米田养鹅处理中，后续产生的玉米秸秆可通过揉搓和发酵的处理方式来饲养肉鹅，这样还可减少投入成本，同时秸秆通过过腹还田方式，可增加系统养分反馈量，从而进一步提高生产—生态效益。对照是西藏典型的种植方式，其秸秆主要作为牲畜的越冬饲料产出，但牲畜的放养习惯使得粪肥难以回收还田，种养系统契合度不高；而化肥的投入作为当前唯一的培肥方式，长期大量施用所带来的环境和食品安全等影响同样不容忽视；秸秆中钾素大量富集，并随秸秆产出，长期的农业生产使得田间 K 素持续亏缺，从而降低了西藏农业发展的可持续性。

就不同处理的经济效益而言，玉米田养鹅处理不施用任何除草剂，鹅以杂草和作物基部叶片为食，在去除杂草的同时摄取生长发育所需的能量和养分，最后以粪肥形式还田，使系统具有良好内部物质循环和养分反馈的特性。虽然由于前期杂草与作物的资源竞争,以及后期对玉米基部叶片的采食最终影响了玉米的产量,但损失的部分可由肉鹅的经济产出得以补偿并获得更高的经济效益。

4.4 结 论

玉米田养鹅处理下植株与籽粒中 N、P 和 K 养分含量以及养分收获指数、吸收效率和养分的利用效率均与对照无显著差异;作物养分的大量产出导致各处理养分出现亏缺,玉米田养鹅由于养分的投入和系统反馈养分较多,养分亏缺量较对照少,其中 P 还出现少量盈余;从经济效益来看,玉米田养鹅处理虽存玉米减产的问题,但其损失的部分可由肉鹅的经济产出得以补偿并获得了更高的经济效益。总体而言,玉米田养鹅对玉米籽粒养分吸收和利用未造成显著影响,养分平衡现状较好,经济效益较高,适合在西藏大力发展。

5 “玉米田养鹅”措施对杂草群落多样性特征、玉米生长及经济效益的影响

5.1 养鹅措施对玉米田杂草群落生态特征的影响

杂草一直是困扰农业发展、阻碍农作物产量和品质提高的重要因素之一(欧巧明等，2010)。当前杂草防治主要依赖化学除草剂，但化学除草剂残留所带来的环境污染(Buster H R，1990)、食品安全(邓建才等，2005)和生物多样性下降(Boutin C，1998)等问题日益突出。陈欣等认为杂草是重要的资源植物，具有重要的生态功能，一方面其丰富的养分可作为牲畜的饲草(陈欣等，2003)，另一方面农田杂草生物多样性的保持有利于防止土壤侵蚀，具有促进养分循环，消除环境污染等功能(陈欣等，2000)，Wyss(1996)也指出，杂草多样性的维持可以增加害虫天敌数量。

如何在减少杂草对大田农作物生长影响和发挥杂草生态功能之间达到统一，是目前理论和实践研究中的难点问题。在杂草与农作物之间关系的理论研究上，Grinnell所提出生态位理论是评价系统内种间和种内关系及其种群在群落中地位的重要手段(赵永华，2004)，郑方强等(2008)指出生态位不仅能体现物种对资源的利用，还能体现同级物种之间对资源的竞争等问题。在杂草生态位研究方面，当前生态位理论主要应用在农田杂草的治理、预测以及相似关系上，如郭水良(1998)的研究认为长期施用同一类除草剂，能控制当时敏感性优势杂草，也为非优势杂草(对该类除草剂不敏感)的生长和蔓延创造了生态位空间，它们很有可能成为优势杂草；马丽荣(2006)则认为非敏感性杂草必须与原优势杂草(对除草剂敏感)的生态特性相似，才能利用敏感性优势杂草所“空缺”下来的生态位成为新的优势杂草。

在大田杂草利用技术途径上，关法春等(2011)提出“农牧一体化”生产方式，其是指“在同一块土地上，在收获作物籽粒、块茎等植物经济产量的同时，又利用同一空间内的植物茎叶(包括杂草等)、动物昆虫等资源，进行畜禽等动物产品生产的一种复合型的生产方式”，杂草在系统中作为畜禽饲草来源而被充分利用。但放牧对

田间杂草群落动态、功能群结构以及生物多样性目前尚不清楚。

为此,本研究以“农牧一体化”生产方式下的“玉米(*Zea mays*)田养鹅”模式为研究对象,对放牧前后,杂草生态位、功能群结构和生物多样性的变化进行调查,旨在阐明鹅的放牧对杂草群落结构、动态和生物多样性的影响,为探索在控制农田杂草的同时,维持农田生态系统较高的生物多样性,并为完善“农牧一体化”理论研究及其“农牧一体化”模式建立提供必要的理论依据。

5.1.1 试验地区域概况

试验地位于西藏林芝地区八一镇(29°33′N,94°21′E),当地具体气象状况和土壤状况参见文献(关法春等,2013)。

5.1.2 研究方法

1. 试验设计

试验于2013年在八一镇章麦村农田内进行,试验地原为平坦荒地。2013年4月28日进行玉米播种、覆膜,玉米品种为“酒单4号”,施入复合肥400 kg/hm^{2}作为底肥,玉米株行距为25 cm×45 cm,小区面积为72 m^2,3次重复,播种后农田一直不进行除草作业;6月28日在田间补播黑麦草(*Lolium perenne*)和紫花苜蓿(*Medicago sativa*),播量分别为40 kg/hm^{2}和20 kg/hm^2,小区四周用0.5 m高尼龙网围封;8月28日放入雏鹅,共10只,在3个小区内轮流放牧,间隔3日。

2. 数据采集

2013年8月20日对放牧前玉米农田的杂草进行调查,采用随机点采样法进行取样,每个样方的取样面积均为1 m×1 m,每小区3次重复,记录样方内杂草的种类、株数和盖度等,并将杂草带回实验室105℃杀青30 min,80℃下烘干至恒重,计算生物量;2013年10月1日对放牧后玉米田间杂草进行调查,调查方式和内容与放牧前样地相同。

3. 数据统计与分析

(1)杂草生态位计算　玉米田养鹅处理的3个小区中的9个样点为单元,构成资源序列,计算生态位。

生态位宽度(赵利,2010):

$$B = -\left(\sum_{i=1}^{s} p_i \ln p_i\right)/\ln s\ ;\ p_i = N_i/N \tag{5-1}$$

式中，P_i 为 1 个物种在 i 个资源状态下所占的比例；N_i 为物种在第 i 个资源状态(9 个样方)的数目；N 为物种在所有资源状态(9 个样方)中的数目；s 为资源状态总数(本研究为 9)。

生态位重叠(赵利，2010)：

$$C_{ih} = 1 - \frac{1}{2}\sum \left| \frac{N_{ij}}{N_i} - \frac{N_{hj}}{N_h} \right| \tag{5-2}$$

式中，C_{ih} 为 i 种和 h 种之间的生态位重叠指数；N_{ij} 为 i 种在 j 资源等级中的数值；N_i 为 i 种在所有资源等级中的数值；N_{hj} 为 h 种在 j 资源等级中的出现数值；N_h 为 h 种在所有资源等级中的数值。生态位重叠指数的变化范围从 0～1，0 表示完全不重叠，1 表示 100％的重叠。

(2)杂草功能群分类　依照杂草类型、生长周期及子叶数量将杂草功能群分为单子叶 1 年或越年生植物功能群(MA)、单子叶多年生植物功能群(MP)、双子叶 1 年或越年生植物功能群(DA)、双子叶多年生植物功能群(DP)、蕨类一年生植物功能群(FA)及蕨类多年生植物功能群(FP) (Puricelli E C，2005)。详见表 5-1。

表 5-1　杂草功能群分类

Tab. 5-1　Classification of weed functional groups

功能群 Functional group	意义 Means
MA	单子叶一年生或越年生被子植物 Monocotyledonous angiosperm and annual & biennial
MP	单子叶多年生被子植物 Monocotyledonous angiosperm and perennial
DA	双子叶一年生或越年生被子植物 Dicotyledonous angiosperm and annual & biennial
DP	双子叶多年生被子植物 Dicotyledonous angiosperm and perennial
FA	蕨类一年生或越年生植物 Fern and annual & biennial
FP	蕨类多年生植物 Fern and perennial

(3)杂草生物多样性计算　根据样地调查数据，计算出各样地杂草种类的重要值，其公式为相对重要值：IV ＝ (相对频度＋ 相对密度＋ 相对盖度)/3。杂草多样性的分析主要包括 Berger-Parker 多度(P_i)，Margalef 物种丰富度指数(D_{MG})，Shannon-Wiener 多样性指数(H')，Pielou 均匀度指数(E)，Simpson 优势度指数(D)，Sorensen 群落相似性系数(SI)。

$$P_i = \frac{n_i}{N} \tag{5-3}$$

$$D_{MG} = (S-1)^* (\ln N)^{-1} \;; \tag{5-4}$$

$$H = -\sum P_i^* \ln P_i \;; \tag{5-5}$$

$$E = H'/\ln S \;; \tag{5-6}$$

$$D = 1 - \sum_{i=1}^{S} (N_i/N)^2 \;; \tag{5-7}$$

$$SI = 2C/(A+B) \tag{5-8}$$

式中，n_i 为样地中某种杂草重要值，N 为样地中杂草的总重要值，S 为各样地杂草群落中总物种数，A、B 为不同的两个杂草群落的重要值，C 为 A、B 两个群落共有杂草种类重要值。

4. 数据处理

利用 Excel 2003 和 SPSS 21.0 统计软件对不同处理的田间杂草数据进行计算，均值进行 t-检验。

5.1.3 结果与分析

1. 放牧对杂草生态位的影响

(1)放牧前后杂草生态位宽度的变化　生态位宽度体现了植物种群对环境资源的占有能力，植物种群的生态位宽度值越大，其对环境的适应、对资源占有和利用的能力越强，在群落中常常处于优势地位。从表 5-2 中可以看出，放牧前黑麦草、紫花苜蓿、尼泊尔蓼(*Polygonum nepalense*)和灰绿藜(*Chenopodium glaucum*)占据较大优势，但放牧后黑麦草、紫花苜蓿、马唐(*Digitaria sanguinalis*)、倒提壶(*Cynoglossum amabile*)和野蓟(*Ciralummaackii maxim*)的生态位宽度分别减少了 0.010、0.032、0.073、0.133 和 0.344，早熟禾(*Poa annua*)在放牧后并未出现，以上种类杂草均为鹅喜欢采食的食物种类；灰绿藜、牛膝菊(*Galinsoga parviflora*)和鼠鞠草(*Gnaphalium affine*)等 11 种鹅偶尔采食的杂草在放牧后生态位宽度均有不同程度的上升，且放牧后杂草群落新增加了 7 种杂草。鹅对杂草群落的干预，为其他种类杂草的生长提供了一定的生态位空间。

表 5-2 放牧前、后各杂草种群生态位宽度

Tab. 5-2 Niche breadth of weeds population before and after grazing

种号 Number	种名 Species	放牧前 Before grazing	放牧后 After grazing
1	黑麦草 *Lolium perenne*	0.998	0.988
2	紫花苜蓿 *Medicago sativa*	0.993	0.961
3	灰绿藜 *Chenopodium glaucum*	0.920	0.925
4	牛膝菊 *Galinsoga parviflora*	0.814	0.859
5	鼠鞠草 *Gnaphalium affine*	0.850	0.898
6	丝叶球柱草 *Bulbostylis densa*	0.764	0.895
7	尼泊尔蓼 *Polygonum nepalense*	0.888	0.929
8	早熟禾 *Poa annua*	0.306	—
9	平车前 *Plantago depressa*	0.290	0.631
10	马唐 *Digitaria sanguinalis*	0.886	0.813
11	毛蕊花 *Verbascum thapsus*	—	0.793
12	倒提壶 *Cynoglossum amabile*	0.712	0.579
13	加拿大白酒草 *Conyza canadensis*	—	0.869
14	大籽蒿 *Artemisia sieversiana*	0.846	0.849
15	香薷 *Elsholtzia ciliata*	0.802	0.813
16	野蓟 *Ciralummaackii maxim*	0.650	0.306
17	白草 *Pennisetum flaccidum*	0.609	0.728
18	酸模 *Rumex nepalensis*	0.290	0.830
19	西南草莓 *Fragaria moupinensis*	—	0.949
20	萨嘎苔草 *Carex sagaensis*	—	0.710
21	播娘蒿 *Descuminia sophia*	—	0.473
22	槲蕨 *Drynaria fortunei*	—	0
23	节节草 *Equisetum ramosissimum*	0	0.362
24	老鹳草 *Geranium pratense*	—	0.937

(2)放牧前后杂草生态位重叠的变化　生态位重叠是指 2 个物种所利用资源(食物、营养、空间等)的相同程度,其值越大,表明 2 个物种所利用资源越相似,在资源不足的情况下,种间竞争越剧烈。放牧前黑麦草和苜蓿的重叠最大(表 5-3),为 0.904,说明二者对资源的竞争最激烈;其他杂草的生态位重叠均在 0.800

表 5-3 放牧前杂草的生态位重叠

Tab. 5-3 Niche overlap of weeds before grazing

种号	1	2	3	4	5	6	7	8	9	10	12	14	15	16	17	18	23
1	1.000	0.904	0.761	0.617	0.664	0.606	0.716	0.211	0.195	0.740	0.551	0.670	0.620	0.522	0.410	0.195	0.121
2		1.000	0.748	0.555	0.725	0.605	0.697	0.196	0.220	0.689	0.524	0.645	0.702	0.506	0.459	0.220	0.098
3			1.000	0.589	0.557	0.553	0.707	0.280	0.200	0.634	0.480	0.530	0.500	0.391	0.320	0.200	0.080
4				1.000	0.391	0.448	0.607	0.269	0.231	0.535	0.638	0.625	0.292	0.265	0.278	0.231	0.308
5					1.000	0.689	0.604	0.074	0.397	0.425	0.366	0.705	0.794	0.338	0.396	0.358	0.041
6						1.000	0.380	0.216	0.549	0.546	0.510	0.686	0.727	0.418	0.483	0.490	0.000
7							1.000	0.151	0.151	0.502	0.441	0.587	0.477	0.375	0.264	0.151	0.264
8								1.000	0.333	0.257	0.294	0.129	0.175	0.511	0.162	0.600	0.000
9									1.000	0.114	0.412	0.452	0.400	0.222	0.351	0.667	0.000
10										1.000	0.548	0.525	0.561	0.543	0.371	0.114	0.114
12											1.000	0.634	0.343	0.222	0.280	0.412	0.177
14												1.000	0.584	0.319	0.415	0.452	0.161
15													1.000	0.497	0.464	0.358	0.025
16														1.000	0.556	0.222	0.000
17															1.000	0.351	0.000
18																1.000	0.000
23																	1.000

表 5-4 放牧后杂草的生态位重叠

Tab. 5-4 Niche overlap of weeds after grazing

种号	1	2	3	4	5	6	7	9	10	11	12	13	14	15	16	17	18	19	20	21	22	23	24
1	1.000	0.818	0.727	0.765	0.705	0.740	0.710	0.454	0.708	0.619	0.408	0.638	0.691	0.691	0.195	0.552	0.612	0.855	0.632	0.296	0.121	0.379	0.778
2		1.000	0.694	0.661	0.764	0.690	0.623	0.298	0.627	0.610	0.401	0.653	0.724	0.552	0.160	0.556	0.505	0.806	0.660	0.287	0.071	0.370	0.686
3			1.000	0.639	0.612	0.634	0.734	0.539	0.634	0.544	0.462	0.718	0.606	0.669	0.231	0.573	0.643	0.638	0.462	0.385	0.077	0.154	0.630
4				1.000	0.488	0.578	0.577	0.500	0.613	0.617	0.300	0.478	0.525	0.530	0.100	0.456	0.527	0.668	0.667	0.400	0.100	0.400	0.586
5					1.000	0.806	0.609	0.406	0.479	0.532	0.386	0.738	0.669	0.498	0.219	0.472	0.658	0.636	0.508	0.369	0.156	0.311	0.790
6						1.000	0.665	0.561	0.524	0.530	0.378	0.789	0.686	0.516	0.178	0.500	0.753	0.630	0.467	0.378	0.133	0.233	0.775
7							1.000	0.459	0.512	0.555	0.497	0.676	0.537	0.724	0.377	0.514	0.683	0.635	0.361	0.295	0.115	0.230	0.697
9								1.000	0.446	0.317	0.333	0.454	0.350	0.511	0.250	0.333	0.686	0.323	0.167	0.500	0.250	0.143	0.429
10									1.000	0.489	0.326	0.422	0.553	0.696	0.087	0.473	0.453	0.660	0.493	0.174	0.044	0.196	0.530
11										1.000	0.585	0.551	0.641	0.364	0.049	0.264	0.506	0.591	0.602	0.220	0.024	0.537	0.603
12											1.000	0.519	0.522	0.502	0.333	0.333	0.406	0.371	0.333	0.111	0.111	0.556	0.349
13												1.000	0.758	0.482	0.278	0.556	0.641	0.558	0.352	0.352	0.093	0.241	0.677
14													1.000	0.442	0.150	0.417	0.557	0.686	0.450	0.200	0.050	0.325	0.633
15														1.000	0.348	0.551	0.515	0.616	0.384	0.174	0.130	0.217	0.534
16															1.000	0.278	0.218	0.145	0.000	0.250	0.600	0.143	0.191
17																1.000	0.311	0.513	0.444	0.639	0.056	0.167	0.413
18																	1.000	0.521	0.255	0.450	0.146	0.161	0.676
19																		1.000	0.651	0.194	0.065	0.339	0.784
20																			1.000	0.167	0.000	0.476	0.500
21																				1.000	0.250	0.143	0.333
22																					1.000	0.143	0.143
23																						1.000	0.333
24																							1.000

以下，说明其余杂草种对资源的竞争相对较小，这主要是优势杂草种的优势度大，占据较多资源，限制了其余杂草对资源的利用；放牧后（表 5-4），黑麦草和紫花苜蓿的重叠度减少了 0.086，黑麦草和西南草莓（*Fragaria moupinensis*）的重叠度最大，为 0.855。鹅的干扰削弱了优势种对资源的利用，各种群竞争格局发生变化，从而产生新的生态位空间，生态位重叠转移。

2. 放牧对杂草功能群结构的影响

放牧会影响杂草群落结构，从而影响杂草功能群的丰富度和每个功能群多度分布格局，从图 5-1 可以看出，放牧前，功能群 DA 占据绝对优势，相对多度为 47.06%，功能群 MA 和 DP 次之，各占 17.65%，功能群 MP 和 FP 最小，各占 5.88%，总体来看功能群分配不均匀；放牧后，功能群 DA 仍占据最大优势，功能群 DA、DP、MP 和 FP 分别上升了 0.77%、4.09%、2.81% 和 2.81%，功能群 MA 下降了 4.60%，功能群分配较均匀。

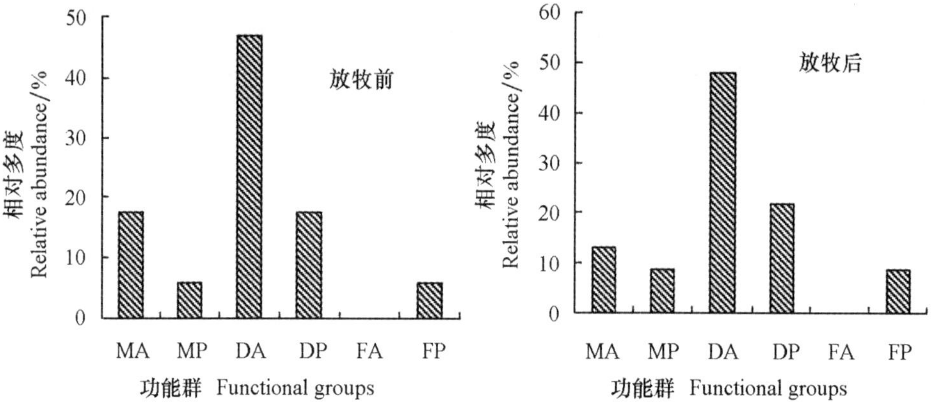

图 5-1 放牧前后各功能群多度

Fig. 5-1 Abundance of functional groups before and after grazing

3. 放牧对杂草群落生物多样性和生物量的影响

补播和放牧均会改变田间杂草种类组成和丰富度，杂草群落结构发生变化，必然会影响杂草群落的生物多样性。结果表明（表 5-5），放牧后杂草群落的 Shannon-Wiener多样性指数、Margalef 物种丰富度指数和 Pielou 均匀度指数分别高出对照 0.38、1.17 和 0.04，放牧前后差异显著（$P<0.05$），这主要是鹅的采食降低了优势种对资源的竞争能力，为其他植物种的萌发和生长提供了潜在的生态位空间；Simpson 多样性指数较放牧前下降了 0.08，放牧前后差异显著（$P<0.05$），

这主要是鹅的采食降低了优势种的优势度。放牧后杂草群落的地上总生物量与放牧前相比增加1.74g，放牧前后差异不显著($P>0.05$)，这主要是放牧后维持了较高生物多样性，增加了物质产出。

表5-5 放牧前后杂草群落生物多样性指数和生物量

Tab. 5-5 Biodiversity indices and biomass of weeds community before and after grazing

项目 Item	放牧前 Before the grazing	放牧后 After the grazing
H'	1.67±0.08[a]	2.05±0.05[b]
E	0.63±0.02[a]	0.67±0.00[b]
D_{MG}	2.10±0.31[a]	3.27±0.23[b]
D	0.36±0.02[a]	0.28±0.01[b]
生物量/g	14.24±7.09[a]	15.98±6.80[a]

注：不同字母表示在0.05水平上差异显著，下同。

Note: Different letters presents significant difference at 0.05 level, the same as below.

5.1.4 讨论

1. 放牧前后杂草生态位变化

生态位是物种的生态学特性，描述了物种与生态因子间的关系，通常物种生态位宽度的大小取决于其对资源的利用、对环境的适应能力(刘加珍，2004)，马丽荣等(2006)指出生态位宽度可以作为杂草对农田环境资源利用多样性的一种测度，反映了不同杂草在农田中的生态适应幅度。在玉米田养鹅放牧后，由于鹅的选择性采食导致一些物种的生态位宽度收缩，而生态位的收缩有利于新的生态位空间生成，从而为新物种的萌发生产提供有利条件，其结果是放牧后物种数增加、非优势杂草种的数量增加。通过生态位的重叠值可明确不同杂草种对资源利用的相似程度以及种间竞争关系的激烈程度，放牧前后种间竞争格局发生改变，种间生态位最大重叠度由黑麦草-苜蓿转变为黑麦草-西南草莓，其原因主要有两个方面，一是鹅采食改变了原有生境，而各草种对新生境的适应性存在差异(Crawley M J，1988)；二是苜蓿在播种当年生长势较弱，在放牧后限制了其对资源的利用，而西南草莓为原生境物种，放牧后竞争减弱为其萌发和生长创造了条件，但苜蓿和西南草莓均是多年生草本，当前的生态位分布格局只是暂时的，其最终的演替方向则需要长时间的定位研究。

2. 放牧前后杂草功能群结构变化

放牧前后田间杂草功能群 DA 均占据最大优势，并在放牧后其相对多度上升，这主要是因为耕地中的一年生杂草群体主要来自土壤种子库，耕作活动打破了土壤种子库的种子休眠，由此导致种子发生萌发（魏守辉，2005；Goldberg D E，1990），而 DA 功能群相对多度上升主要是鹅的干扰使得优势杂草种生活史对策发生变化，为其他草种的萌发提供有利条件。功能群 MP、DP 和 FP 在放牧后分配比例增加，但该 3 种功能群均为多年生功能群，当前的分配格局可能只是暂时的。

3. 放牧前后杂草群落生物多样性和生物量变化

放牧后，杂草群落物种数（S）、Shannon-Wiener 多样性指数、丰富度指数（Margalef）和均匀度指数（Pielou）较放牧前均有提高，放牧前后差异显著（$P<0.05$）。这主要鹅的干扰改变了原有的群落物种竞争格局，有利于新的生态位空间，从而提高了群落物种数、丰富度和多样性（Rohde K，2008），而物种数是影响群落稳定性的主要因素，有研究表明，群落中的物种数越丰富其结构越稳定（Tilman D，1994）；Simpson 多样性指数描述的是物种的集中优势度，许晴等（2011）的研究认为 Simpson 多样性指数与群落物种均匀度关系密切，鹅的采食降低了优势种优势度，为其他杂草种提供了潜在生态位空间，而新物种的加入改变了原有格局，提高群落物种的均匀度，降低了 Simpson 多样性指数，放牧前后差异显著（$P<0.05$）。放牧后，杂草群落的地上生物量提高，这主要是放牧维持了较高的生物多样性，而较高的生物多样性可以维持较高的植物群落生产力和增加群落稳定性（王明君，2010）。

5.1.5 结论

玉米田养鹅生产方式放牧后，原优势种生态位宽度减少，多数非优势种生态位宽度增加，同时种间最大重叠度由黑麦草-苜蓿转变为黑麦草-西南草莓；放牧前后杂草功能群 DA 均占据最大优势，但放牧后功能群 MP、DP 和 FP 在放牧后分配比例增加，功能群分配较放牧前更均匀；与放牧前相比，放牧后的杂草群落物种数（S）、Shannon-Wiener 多样性指数、丰富度指数（Margalef）和均匀度指数（Pielou）较放牧前均有提高，放牧前后差异显著（$P<0.05$），Simpson 多样性指数较放牧前降低，放牧前后差异显著（$P<0.05$）；杂草群落地上总生物量增加，放牧前后差异不显著（$P>0.05$）。因此，养鹅有助于农田生态系统生物多样性的提高。

5.2 西藏东南缘农牧复合系统——“玉米田养鹅”的生物多样性和经济效益分析

杂草与作物的拮抗作用主要集中在光照、水分和营养物质3方面。使用除草剂可有效抑制杂草的生长,但会降低田间杂草的生物多样性,影响生态系统的稳定(陈欣等, 2000)。Tilman等(1994)研究发现系统内每减少一个植物种其系统抗干旱的能力也会相应地降低;相反,在农业生态系统中,生物多样性的保持对于保护害虫天敌、防止土壤侵蚀、促进养分循环有重要作用(李儒海等, 2008)。近年来,农田生物多样性的研究主要围绕不同的农田管理办法对田间杂草多样性的影响(韩惠芳等, 2010;田欣欣等, 2011),但对采用何种生产方式来保持田间杂草、维持系统的生物多样性,并确保生产效益的稳定,则鲜有报道。

“农牧一体化”理论于2011年被提出,指“在同一块土地上,在收获作物籽粒、块茎等植物经济产量的同时,又利用同一空间内的植物茎叶(包括杂草等)、动物昆虫等资源,进行畜禽等动物产品生产的一种复合型的生产方式”,开展该生产方式下的农田系统生物多样性研究及生产效益研究,是今后该生产方式得到推广应用的重要前提(关法春等, 2011)。为此,本文以“农牧一体化”下的玉米(*Zea mays*)田养鹅模式为研究对象,通过对农田系统杂草生物多样性及生产效益研究,明确该模式下的生态系统杂草生物结构与生物多样性特征,探索该生产方式的可行性,以期为今后“农牧一体化”生产方式的推广应用提供理论依据和技术评估。

5.2.1 研究区域概况及研究方法

1. 试验地概况

试验地位于西藏林芝地区八一镇 (29°33′N, 94°21′E),当地具体气象状况和土壤状况参见文献(关法春等, 2013)。

2. 研究方法

试验于2012年在八一镇章麦村农田内进行,5月12日进行玉米播种、覆膜,玉米品种为品系材料A201,施入缓释尿素500 kg/hm^{2}作为底肥、磷酸二铵250 kg/hm^{2}作为种肥,玉米株行距为25 cm × 70 cm。进入6月后,在玉米农田内设置2个处理:玉米田养鹅处理和对照处理(CK),每个处理3次重复,每小区面积为52.5 m^2,玉米田养鹅处理的农田一直不进行除草,7月14日放入鹅雏,为确保杂草持续供应，降低鹅对作物干扰，试验处理鹅的放牧数量为 5 只，并在 3 个小区中轮流放牧，一个小区放牧 3 d，夜间收回肉鹅，按每只 100 g 投加复合饲料，9 月 16 日牧鹅结束，对照处理在播种后使用除草剂喷洒地表，后于 8 月初人工除草一次，其他管理相同；

3. 数据采集方法

试验于 2012 年 10 月 2 日，对不同处理下的小区玉米农田的杂草，采用随机点采样法进行取样，每块样方的取样面积均为 0.25 m^2，每小区 3 次重复，记录样方内杂草的种类，株数。

根据样地调查数据，计算出各样地杂草种类的重要值，其公式为相对重要值：$IV=$（相对频度＋相对密度）/2（马丹炜等，2002）。杂草多样性的分析见式(5-3)至式(5-8)。

4. 数据分析

利用 Excel 2003 和 SPSS 21.0 统计软件对不同处理的田间杂草原始数据进行计算，均值进行 t-检验和 LSD 方差分析。

5.2.2 结果与分析

1. 不同处理下的杂草种群密度特征

玉米田养鹅处理早熟禾(*Poa annua*)、琴叶通泉草(*Mazus celsioides*)的密度较高，占据优势，分别为 580.0 株/m^2 和 260.0 株/m^2；对照处理早熟禾、牛膝菊(*Galinsoga parviflora*)占据优势，分别为 273.2 株/m^2 和 84.0 株/m^2。从不同处理下的杂草种类和数量统计结果来看(表 5-6)，不同处理之间差异明显，玉米田养鹅的杂草总平均密度为 1 109.33 株/m^2，对照处理总平均密度为 429.33 株/m^2，但处理间差异不显著（$P>0.05$，$n=3$）；除了玉米田养鹅处理的牛膝菊和大籽蒿(*Artemisia sieversiana*)的平均密度低于对照处理 38.67 株/m^2 外，玉米田养鹅处理下的其他杂草密度均高于或等于对照处理。

表 5-6　不同生产模式下杂草的种类及密度

Tab. 5-6　Weed species and density under different treatments

序号 No.	植物种名 Weed species	植株密度 Density/(株/m^2)	
		玉米田养鹅处理	CK
1	早熟禾 *Poa annua*	580±146.64[a]	273.33±62.61[a]
2	牛膝菊 *Galinsoga parviflora*	45.33±2.31[a]	84±26.23[a]

续表 5-6

序号 No.	植物种名 Weed species	植株密度 Density/(株/m^2)	
		玉米田养鹅处理	CK
3	中华野葵 *Malva verticillata* var. *chinensis*	8±6.72[a]	5.33±2.31[a]
4	窄叶太子参 *Pseudostellaria sylvatica*	40±9.28[a]	4±1.23[a]
5	加拿大白酒草 *Conyza canadensis*	96±48.23[a]	12±6.44[a]
6	琴叶通泉草 *Mazus celsioides*	260±64.00[a]	6.67±1.56[a]
7	老鹳草 *Geranium sibiricum*	4±2.30[a]	4±3.93[a]
8	灯芯草 *Juncus effusus*	12±12[a]	4±2.55[a]
9	鼠麴草 *Gnaphalium affine*	18.67±7.74[a]	9.33±5.17[a]
10	川滇香薷 *Elsholtzia souliei*	18.67±8.90[a]	5.33±2.24[a]
11	鹅肠菜 *Malachium aquaticum*	20±7.71[a]	12±3.72[a]
12	大籽蒿 *Artemisia sieversiana*	1.33±1.31[a]	8.03±4.17[a]
13	尼泊尔酸模 *Rumex nepalensi*	5.33±2.31[a]	1.33±1.31[a]
	合计 Total	1 109.33±427.44[a]	429.33±166.84[a]

注：不同字母表示在 0.05 水平上差异显著，下同。

Note: Different letters presents significant difference at 0.05 level, the same as below.

2. 不同处理方式下杂草群落的结构与动态分布

在不同的处理下杂草的生境存在差异，杂草群落结构也大不相同。多度是衡量杂草群落结构的重要指标。从图 5-2 可以看出在不同处理下，各处理间物种相对多度分布差异较大，玉米田养鹅处理下其优势种突出，下降较较快，相对多度分布不均匀；对照处理优势种突出，趋势线下降较缓慢，相对多度分布较均匀。

在农田生态系统中，杂草群落结构受多方面因素影响，不同处理方式会直接或间接的影响着杂草群落结构，并使其发生改变，玉米田养鹅处理的杂草群落与对照处理杂草群落之间的群落相似性系数为 0.77。

3. 不同处理方式下杂草的生物多样性指数

在不同的处理方式下，田间杂草群落生物多样性统计结果(表 5-7)表明，在玉米地养鹅处理杂草群落的 Shannon-Wiener 多样性指数、均匀度指数、Margalef 物种丰富度指数和 Simpson 优势度指数分别为 2.01，0.88，1.61 和 0.86，而对照处理分别为 1.81，0.90，1.46 和 0.79，除了杂草群落均匀度指数低于对照外，玉米地养鹅处理多样性指数、物种丰富度指数和优势度指数均高于对照处理，但以上 3 个指标处理间差异不显著($P>0.05$)。

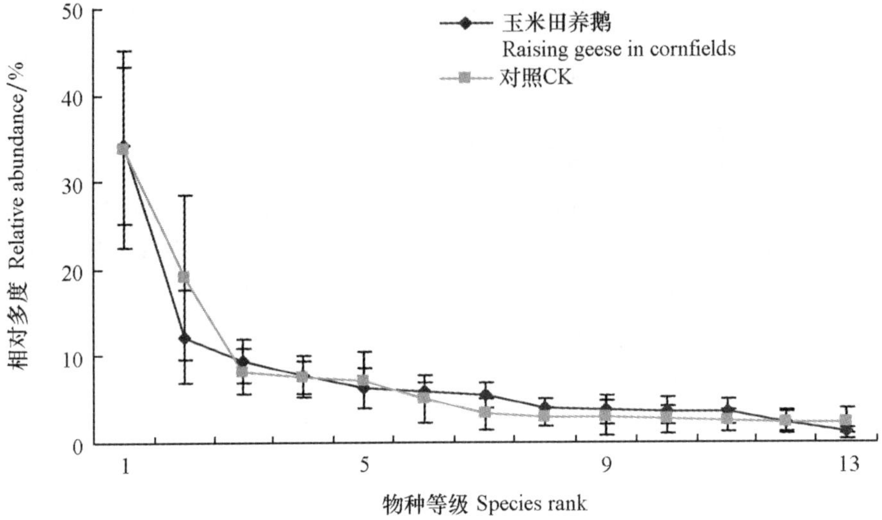

图 5-2 不同处理的杂草种群相对多度

Fig. 5-2 Relative abundance of weeds under different treatments

表 5-7 不同处理下的杂草群落多样性指数

Tab. 5-7 The biodiversity indices of weeds community under different treatments

项目 Item	玉米田养鹅处理 Raising geese in cornfields	CK
H'	2.01±0.25	1.81±0.26
E	0.88±0.01	0.90±0.05
D_{MG}	1.61±0.31	1.46±0.32
D	0.86±0.04	0.79±0.06

注：H'为 Shannon-Wiener 多样性指数；E 为 Pielou 均匀度指数；D_{MG}为 Margalef 物种丰富度指数；D 为 Simpson 优势度指数。

4. 玉米田养鹅处理对玉米产量的影响极其经济效益分析

不同处理的经济效益统计结果表明(表 5-8)，玉米田养鹅处理与对照处理相比减产 14.50%。玉米地养鹅处理养鹅的投入为 14 285 元/hm^2，总投入 19 835 元/hm^2，较对照处理增加了 13 535 元/hm^2，但其售后总收入较玉米田养鹅处理减少了 20 598 元，净收入减少了 7 063 元($P<0.05$)。在玉米田养鹅处理下，杂草以及其他系统内因造成的玉米产量下降可由系统内肉鹅的产出得以补偿，并且与对照处

理相比其净收入增加了 7 063 元。

表 5-8 不同处理方式的经济效益

Tab. 5-8 The economic benefit under different treatments

处理 Treatment	玉米产量 Corn yield /(kg/hm²)	肉鹅产量 Geese yield /(kg/hm²)	玉米田投入 Input of cornfields /(元/hm²)	养鹅投入 Input of raising geese /(元/hm²)	总收入 Gross income /(元/hm²)	净收入 Net income /(元/hm²)	产投比 Input-output ratio
玉米田养鹅处理 Raising geese in cornfields	11 305±3 416[a]	1 876.19	5 550	14 285	33 819±3 556[a]	13 984±2 038[a]	1.71
CK	13 221±3 623[a]	—	6 300	——	13 221±3 784[b]	6 921±2 476[b]	2.10

5.2.3 讨论与结论

玉米田养鹅处理中,鹅以杂草、作物基部叶片作为主要食源,一部分供其生长发育所需,另一部分以粪便的形式还田,粪便中含有大量的有机质可以改善土壤的理化性质以及肥力状况,为杂草的萌发、生长提供良好的环境,因此玉米田养鹅处理下杂草的总密度较大,但各种杂草对外界条件的适应能力有所差异(Lgre A *et al.*, 2005),早熟禾在 2 种处理下均为优势种,其密度在玉米田养鹅处理下大大增加,这与汪诗平的研究结果类似(汪诗平等, 2001),放牧增大了优势种的竞争能力,使得群落优势度增大。

有研究表明,放牧可以增加群落的生物多样性(吕浩荣等, 2009)。与此相似,本研究通过在玉米田养鹅处理的几个样方中轮流放牧,使鹅对杂草群落的干扰维持在一定强度,提高了田间杂草群落的生物多样性,这与徐广平等(徐广平等, 2005)的研究结果类似;同时由于鹅对杂草的长期采食,使得杂草的地上部位的生长受到限制,其对温光水肥等资源的竞争必定会受到影响,保证了作物对资源的竞争优势。

从不同处理的玉米产量来看,玉米田养鹅处理的减产可能是杂草密度过大以及鹅对作物基部叶片的采食所造成的,但两种原因所占权重需要进一步的研究。玉米田养鹅的产投比要低于对照处理,这主要是玉米田养鹅有较大的经济投入。玉米田养鹅处理的减产可由系统的肉鹅产出得以补偿,并且总体的经济效益要高于对照处理。

玉米地养鹅处理方式与对照处理方式相比，增大了系统内食物链的复杂程度，维持了系统内较高的生物多样性，生产力得到提高，切实顺应了当前生态农业增产、增收、增效的发展要求。

5.3 “玉米田养鹅”措施对杂草群落结构、系统多样性以及生产效益的影响

杂草与作物在光照和水肥方面的竞争，是导致作物减产的主要因素之一(Kropff, 1991)，加之生产效率方面的要求，导致杂草的化学防控成为当前农业生产中主要的杂草管理方式(Harker, 2013)，但这样做却带来了危害性的后果。Keller 等通过 30 年的试验发现(Keller, 2014)：尽管在玉米田内大面积、高强度地使用除草剂，但恶性杂草的增加以及因杂草的竞争所造成的作物减产仍在持续增加，同时除草剂对脆弱杂草种群影响会使其数量骤减乃至灭绝，从而使物种多样性降低，进而对农田生态系统的功能发挥产生致命影响。对此，英国多样性行动计划(Biodiversity action plan, BAP)呼吁社会提升对脆弱杂草种群的保护意识，并列出了 20 种濒危杂草种，以及 12 种优先保护杂草种(Storkey, 2007)。

探索一种在方法上简单易行，利用杂草来获得更高经济效益，并维持农田系统较高生物多样性的生产方式，对今后农业发展具有重要的意义和价值。关法春于 2011 年提出了“农牧一体化”理论设想(关法春等, 2011)，其是指“在同一块土地上，在收获作物籽粒、块茎等植物经济产量的同时，利用同一空间内的植物茎叶(包括杂草等)、动物昆虫等资源，进行畜禽等动物产品生产的一种复合型的生产方式”，杂草在系统中作为畜禽饲料来源而被充分利用。“玉米田养鹅”(Raising geese in corn field, RGICF) 是基于“农牧一体化”理论的一种新型生产方式，其是通过“拒食剂”的应用，以及鹅对田间杂草的采食来适度控制田间杂草，降低除草成本和除草剂的危害，并获得更高的经济效益和生态效益。为明确养鹅措施对杂草种群结构特点、群落结构变化以及经济效益的影响，本研究设置了“玉米田养鹅”和常规玉米种植两种生产方式，对比研究不同处理下的杂草种群发生发展特点、杂草群落结构、多样性和经济效益，以及年际间变化，通过探明“玉米田养鹅”生产模式下的杂草的生物防控对杂草群落结构、生物多样性保护和系统经济产出的初步影响，初步明确杂草群落结构特征的发展趋势，并运用连续两年的数据，更进一步对经济效益分析结果进行明确，这将为完善“农牧一体化”理论、优化技术模式提供重要的理论依据和实践参考。

5.3.1 试验材料与方法

1. 研究区概况

试验地位于西藏林芝地区八一镇(29°33′N,94°21′E),当地具体气象状况和土壤状况参见文献(关法春等,2013)。

2. 试验设计

试验于2013年开始,在八一镇章麦村农田内进行,该农田以往为小麦-油菜轮作,2012年种植小麦。2013年5月9日和2014年4月28日进行玉米播种、覆膜,玉米品种为“酒单4号”,以施入复合肥400 kg/hm^2(其中,w(N)=33%;$w(P_2O_5)$=17%;$w(K_2O)$=17%;w(有机质)=20%)作为底肥,玉米株行距为25 cm×45 cm。进入6月后,在玉米农田内设置玉米田养鹅(raising geese in corn field, RGICF)生产模式,并以常规玉米种植(conventional corn plant, CK)作为对照(CK),每个处理3次重复,每小区面积为100 m^2。玉米田养鹅处理的农田不除草,小区四周用50 cm高尼龙网围封,分别于2013年于8月7日和2014年8月4日放入雏鹅,为确保杂草的持续供应以及减少鹅对作物的干扰,玉米田养鹅处理的牧鹅数量为7～10只,并在3个小区内轮流放牧,一个小区连续放牧3 d后转移到下一个小区。于清晨放入肉鹅,白天供应充足水源,夜间收回肉鹅以防天敌为害,并投加复合饲料(100 g/只),10月1日牧鹅结束。

传统玉米种植(后称对照)按照当地生产习惯进行,于播种后一个月喷施除草剂“玉雕”(成分:莠去津,化学名称:2-氯-4-二乙胺基-6-异丙胺基-1,3,5-三嗪,比例:90%;硝磺草酮,化学名称:2-(4-甲磺酰基-2-硝基苯甲酰基)环己烷-1,3-二酮,比例10%)进行杂草管理,施用量为1.65 kg/hm^2(溶于120 L水中),利用背式喷雾器喷施地表,喷头处罩上自制罩头避免除草剂逸散。

3. 数据采集

于2013年(8月6日,9月6日和10月6日)和2014年(8月3日,9月3日和10月3日),分别对不同处理下玉米农田的杂草进行调查。采用随机点采样法进行取样,每个样方的取样面积均为1 m×1 m,每小区3次重复,记录样方内杂草的种类、株数、高度和盖度等,并将杂草地上部分带回实验室105℃杀青30 min,在80℃下烘干至恒重,计算杂草地上生物量。产量的测定于玉米成熟期进行,在距离小区边界2 m内的区域内随机采集10株,每小区采样3次,果穗装入尼龙网袋,晒干脱粒称重,以含水量14%时的重量作为小区产量。

4. 数据统计与分析

根据样地调查数据，计算出各样地杂草种类的重要值，其公式为相对重要值(IV)=(相对频度+相对密度+相对盖度+相对高度+相对生物量)/5。杂草群落相关评价指标见式(5-3)至式(5-8)。

物种多度分布采用等级-多度图(rank-abundance)的方法进行分析，X 轴上的物种按重要值从大到小的顺序排列，多度数据以 $\log_{10}$ 在 Y 轴表示。

利用 SPSS 21.0 统计软件对不同处理的田间杂草密度、生物量以及多样性指数等数据进行分析，处理间各项数据利用 T-test 进行差异显著性分析，各处理在不同时期的变化利用单因素方差分析(one-way variance analysis)进行比较同时利用 LSD 法进行事后多重比较，在 0.05 水平上差异显著。运用 Origin 9.0 进行绘图。

5.3.2 结果与分析

1. 不同处理下杂草的种类及密度

2013 年玉米田养鹅处理在放牧前、中和后期分别有 17、12 和 15 种杂草(表 5-9)，其中菊科杂草最多，各时期均有 4 种，而从杂草功能群来看，一年生双子叶功能类群杂草较多，各时期(前、中、后期)分别为 9、6 和 8 种；在对照中各时期分别有 12、6、7 种杂草，其中菊科和蕨类植物较，各时期分别有 4、1、3 和 2、2、2 种，而从杂草功能群来看，也是一年生双子叶功能类群杂草较多，各时期分别为 5、3、3 种。

从 2013 年杂草种类和种群数量统计结果来看，放牧前玉米田养鹅处理中马唐(*Digitaria sanguinalis*)和散生木贼(*Equisetum diffusum*)的密度较大，均占据较大优势，其中马唐、半夏(*Pinellias ternate*)、鼠麴草(*Gnaphalium affine*)、尼泊尔蓼(*Polygonum nepalense*)以及节节草(*Hippochaete ramosissimum*)的密度较高分别是对照的 4.43、17.41、7.67、2.02 和 14.64 倍，处理间差异显著($P<0.05$)；对照散生木贼的密度是农牧一体化处理的 1.54 倍，但处理间差异不显著($P>0.05$)。在放牧中期，在玉米田养鹅处理中马唐、尼泊尔蓼和节节草的密度较大分别是对照的 3.75、74.10 和 9.09 倍，处理间差异显著($P<0.05$)。放牧后，玉米田养鹅处理加拿大白酒草(*Conyza canadensis*)和鼠鞠草密度最大，在对照中，加拿大白酒草和马唐密度最大。

2014 年玉米田养鹅处理在放牧前、中和后期均为 18 种杂草(表 5-10)，其中菊科杂草最多，各时期(前、中、后期)均有 4、5、6 种，而从杂草功能群来看，一年生双子叶功能类群杂草较多，各时期分别为 9、10 和 11 种；在对照中各时期分别有 5、5、6 种杂草，其中菊科和蕨类植物较，各时期分别有 1、3、3 和 2、1、2 种，而从杂草功能群来看，也是一年生双子叶功能类群杂草较多，各时期分别为2、3、3种。

在2014年放牧前，玉米田养鹅处理马唐、尼泊尔蓼以及散生木贼的密度较大，均占据较大优势，其中，马唐和尼泊尔蓼的密度分别是对照的189.89和8.97倍，处理间差异显著($P<0.05$)；对照散生木贼的密度是农牧一体化处理的1.54倍，但处理间差异不显著($P>0.05$)。在放牧中期，玉米田养鹅处理马唐的密度仍较大，是对照的1.70倍但处理间差异不显著($P>0.05$)；对照中鼠麴草密度最大，是玉米田养鹅处理4.25倍处理间差异显著($P<0.05$)。在放牧后，对照中马唐密度是玉米田养鹅处理的2.81倍，但处理间差异不显著($P>0.05$)。

玉米田养鹅处理在2014年放牧前、中和后期杂草种类分别多出了2013年1、6、3种。放牧前，马唐的密度在2013年较大，但年际间差异不显著($P>0.05$)，灰绿藜的密度在2014年是2013年的3.70倍，年际间差异显著($P<0.05$)；放牧中，2013年马唐的密度是2014年的7.13倍，年际间差异显著($P<0.05$)；2013年鼠麴草和加拿大白酒草密度在放牧后分别是2014年的6.52和31.57倍，处理间差异显著($P<0.05$)。

对照中2013年放牧前、中和后期杂草种类分别多出了2014年7、1、1种。马唐和散生木贼在2013年和2014年在前期(放牧前)均为优势种，但年际间差异不显著($P>0.05$)，中期(放牧中)与前期相同，但在后期(放牧后)，2013年优势草种加拿大白酒草在2014年并未出现，其他草种的密度在年际间差异不显著($P>0.05$)。

2. 不同处理下杂草群落密度的影响

2013年玉米田养鹅处理前、中、后期杂草总密度分别是对照的2.33($P<0.001$)、3.71($P<0.001$，图5-3a)、3.44($P<0.001$)倍。在中期，鹅的采食显著降低了杂草密度，其与前期相比较少了75.53%($P=0.004$)，但中期与后期间杂草密度无显著差异；与之相同，对照受除草剂影响，中期杂草密度显著低于期179.45%($P=0.002$)，中期与后期间杂草密度无显著差异。2014年玉米田养鹅处理前期和中期的杂草总密度分别是对照的5.47($P<0.001$，图5-3b)和2.36($P=0.001$)，但在后期并无显著差异($P=0.540$)。同样，玉米田养鹅处理鹅对采食显著降低杂草总密度，其中期杂草总密度低于前期77.36%($P<0.001$)，但中期与后期间无显著差异($P=0.198$)；对照在前期杂草总密度是中期的1.91倍($P=0.014$)，而中期低于后期66.32%($P=0.03$)。

2013年玉米田养鹅处理的杂草总密度在前、中、后期分别是2014年的1.43、3.59和3.15倍，年际间差异显著($P<0.05$)；对照中2013年中期和后期杂草总密度是2014年的3.34和2.28倍，年际间差异显著($P<0.05$)。

表 5-9　2013 年不同处理下杂草的种类及密度

Tab. 5-9　Weed species and density under different treatments in 2013

功能群及种名 Weed species and functional groups	植株密度 Density/(株/m²)					
	放牧前 Pre-grazing		放牧中 Mid-grazing		放牧后 Post-grazing	
	RGICF	CK	RGICF	CK	RGICF	CK
被子植物 Angiosperm						
MA						
丝叶球柱草 *Bulbostylis densa*	0.67±0.67	0.22±0.18	1.89±0.67	—	1.78±1.11	—
马唐 *Digitaria sanguinalis*	113.11±32.24*	25.56±10.84	88.78±31.85	23.67±8.22	30.56±22.04	13.67±7.78
MP						
半夏 *Pinellias ternate*	3.83±3.24*	0.22±0.18	—	—		
萨嘎苔草 *Carex sagaensis*	18.61±15.36	9.11±4.48	0.11±0.33	—	0.56±0.28	—
DA						
大籽蒿 *Artemisia sievrsiana*	13.44±6.26	—	2.78±2.28	—	3.00±2.43	0.67±0.41
灰绿藜 *Chenopodium glaucum*	8.83±4.68	—	2.22±1.92	1.33±0.40	—	—
牛膝菊 *Galinsoga parviflora*	1.94±2.95	—	1.00±1.00	—	2.44±2.08	—
加拿大白酒草 *Conyza canadensis*	0.11±0.09	1.33±1.03	1.56±0.56	—	49.11±17.87*	15.56±7.55

续表 5-9

功能群及种名 Weed species and functional groups	植株密度 Density/(株/m²)					
	放牧前 Pre-grazing		放牧中 Mid-grazing		放牧后 Post-grazing	
	RGICF	CK	RGICF	CK	RGICF	CK
荠菜 *Capsella bursa-pastoris*	0.11±0.09	—	—	—	0.67±0.41	—
平车前 *Plantago depressa*	0.11±0.09	—	—	—	—	—
鼠麯草 *Gnaphalium affine*	15.33±0.88*	2.00±0.65	8.67±5.48	3.78±3.56	44.89±20.98*	6.67±2.83
黄花蒿 *Artemisia annua*	—	0.11±0.09	—	—	—	—
播娘蒿 *Descurainia sophia*	—	0.11±0.09	—	—	—	—
尼泊尔蓼 *Polygonum nepalense*	11.00±1.00*	5.44±3.98	5.78±3.07	0.78±0.20	1.44±0.51	—
萹蓄 *Polygonum aviculare*	0.11±0.09	—	—	—	0.11±0.03	—
中华野葵 *Malva verticillata* var. *chinensis*	—	—	—	—	0.44±0.33	—
DP						
窄叶太子参 *Pseudostellaria sylvatica*	1.00±1.00	0.67±0.58	—	—	—	—

续表 5-9

功能群及种名 Weed species and functional groups	植株密度 Density/(株/m^2)					
	放牧前 Pre-grazing		放牧中 Mid-grazing		放牧后 Post-grazing	
	RGICF	CK	RGICF	CK	RGICF	CK
鹅肠菜 *Malachium aquaticum*	0.11±0.09	—	—	—	—	—
西南草莓 *Fragaria moupinensis*	—	—	—	—	0.22±0.07	—
蕨类植物 Pteridophyte						
FA	—	—	—	—	—	—
FP						
节节草 *Hippochaete ramosissimum*	4.83±2.78	0.33±0.18	3.00±3.00	0.33±0.10	4.00±2.66	2.67±1.83
散生木贼 *Equisetum diffusum*	28.67±18.23	44.11±23.50	4.56±1.59	2.56±2.19	—	0.22±0.17

注：* 表示与 CK 相比在 $P<0.05$ 水平差异有统计学意义；“—”表示杂草在该区域未出现。

Note: Asterisk (*) indicates significant difference from CK at the 0.05 probability level; "—" indicates that this weed species does not appear in this area.

表 5-10 2014 年不同处理下杂草的种类及密度

Tab. 5-10 Weed species and density under different treatments in 2014

功能群及种名 Weed species and functional groups	植株密度 Density/(株/m^2)					
	放牧前 Pre-grazing		放牧中 Mid-grazing		放牧后 Post-grazing	
	RGICF	CK	RGICF	CK	RGICF	CK
被子植物 Angiosperm						
MA						
丝叶球柱草 *Bulbostylis densa*	0.44±0.33	—	0.22±0.07	—	1.11±1.03	—
小麦 *Triticum aestivum*	0.22±0.07	—	0.22±0.07	—	—	—
马唐 *Digitaria sanguinalis*	83.56±12.12	0.44±0.38	12.44±8.53	7.33±3.00	11.33±6.56	19.11±9.33
野燕麦 *Avena fatua*	1.32±1.32	—	—	—	—	—
MP						
半夏 *Pinellias ternate*	2.67±1.16	—	0.67±0.10	—	—	—
白草 *Pennisetum centrasiaticum*	—	—	2.22±1.67	—	—	—
DA						
牛膝菊 *Galinsoga parviflora*	1.78±0.33	—	2.89±2.47	0.44±0.44	9.33±6.22	0.44±0.33
灰绿藜 *Chenopodium glaucum*	32.67±28.43	—	4.67±4.58	—	7.32±6.00	—

续表 5-10

功能群及种名 Weed species and functional groups	植株密度 Density/(株/m^2)					
	放牧前 Pre-grazing		放牧中 Mid-grazing		放牧后 Post-grazing	
	RGICF	CK	RGICF	CK	RGICF	CK
鼠麴草 *Gnaphalium affine*	—	13.33±13.01	0.89±0.67	3.78±2.24	6.89±6.09	19.33±21.84
萹蓄 *Polygonum aviculare*	0.22±0.07	—	—	—	—	—
荠菜 *Capsella bursa-pastoris*	0.67±0.41	—	—	—	—	—
播娘蒿 *Descurainia sophia*	1.56±1.13	—	0.67±0.41	—	—	—
大籽蒿 *Artemisia sievrsiana*	0.67±0.20	—	0.22±0.07	—	0.67±0.61	0.44±0.44
加拿大白酒草 *Conyza canadensis*	—	—	—	1.11±1.03	1.56±1.19	—
猪毛蒿 *Artemisia scoparia*	0.67±0.41	—	0.89±0.45	—	0.22±0.07	—
大麻 *Cannabis sativa*	0.44±0.33	—	0.22±0.07	—	—	—
水蓼 *Polygonum hydropiper*	—	—	0.22±0.07	—	—	—
香薷 *Elsholtzia ciliate*	—	—	0.22±0.07	—	1.11±1.05	—

续表 5-10

功能群及种名 Weed species and functional groups	植株密度 Density/(株/m^2)					
	放牧前 Pre-grazing		放牧中 Mid-grazing		放牧后 Post-grazing	
	RGICF	CK	RGICF	CK	RGICF	CK
中华野葵 *Malva verticillata*	—	—	—	—	0.22±0.07	—
平车前 *Plantago depressa*	—	—	—	—	0.67±0.50	—
龙葵 *Solanum nigrum*	—	—	—	—	0.22±0.07	—
尼泊尔蓼 *Polygonum nepalense*	14.00±8.56	1.56±0.67	5.33±3.16	—	1.78±1.63	—
DP						
尼泊尔酸模 *Rumex nepalensis*	0.22±0.67	—	0.44±0.44	—	0.44±0.44	—
当归 *Angelica sinensis*	0.22±0.07	—	—	—	1.11±1.06	—
老鹳草 *Geranium wilfordii* Maxim	—	—	0.22±0.07	—	—	—
蒲公英 *Taraxacum mongolicum*	—	—	—	0.22±0.07	—	
蕨类植物 Pteridophyte						
FA						
FP						
	—	—	—	—	—	—

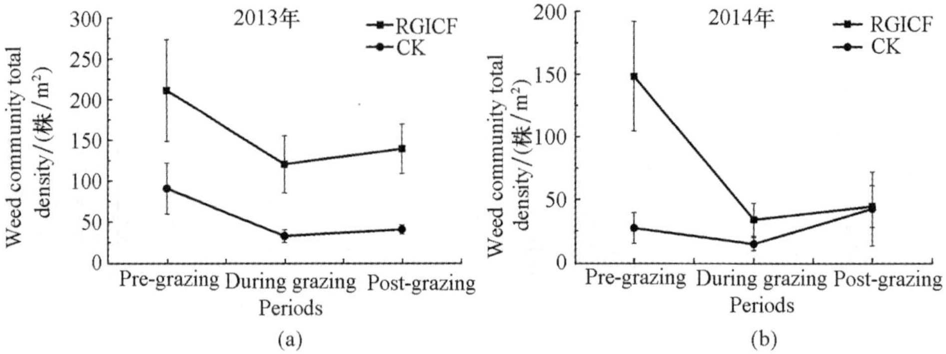

图 5-3　2013—2014 年不同处理对杂草群落总密度的影响

Fig. 5-3　Effect of different treatments on density of weed communities during 2013 to 2014

3. 不同处理下杂草群落地上生物量的影响

2013 年玉米田养鹅处理前、中、后期杂草总地上生物量分别是对照的 5.75（P<0.001）、8.63（P<0.001，图 5-4a）、4.68（P<0.001）倍。玉米田养鹅处理鹅对采食显著降低杂草总地上生物量（P<0.001），呈现前期（203.59 g/m^2）<中期（50.90 g/m^2）<后期（29.83 g/m^2）；对照中期杂草地上生物量较前期降低 83.33%（P<0.001），但在中期与后期间无显著差异（P=0.279）.

2014 年玉米田养鹅处理前期和中期的杂草总地上生物量分别是对照的 105.21（P<0.001，图 5-4b）和 5.12（P<0.001），但在后期并无显著差异（P=0.443）。同样，玉米田养鹅处理鹅对采食显著降低杂草总地上生物量（P<0.001），呈现前期（138.07 g/m^2）<中期（29.457 g/m^2）<后期（9.05 g/m^2）；对照在前期杂草总地上生物量分别低于中期和后期 77.18%和 68.89%（P=0.001），但在中期与后期间无显著差异（P=0.508）。

玉米田养鹅处理杂草总生物量在 2013 年和 2014 年间差异不显著。

4. 不同处理下杂草种群多度分布与群落多样性的影响

2013 年各处理间前期杂草种类较多，优势杂草种群（相对多度>10%）多度分配比例较大，但常见种（1%<相对多度<10%）和偶见种（相对多度<1%）数量较多，多度图曲线下降均较缓慢（图 5-5a），处理间杂草群落 Shannon-Wiener 多样性指数 H'（P=0.177）和 Simpson 多样性指数 D（P=0.166）、Pielou 群落均匀度指数 E（P=0.653）以及 Margalef 丰富度指数 D_{MG}（P=0.165）均无显著差异（表 5-6）；经历不同的除草处理，中期玉米田养鹅处理 H'、D 和 D_{MG} 指数分别高出

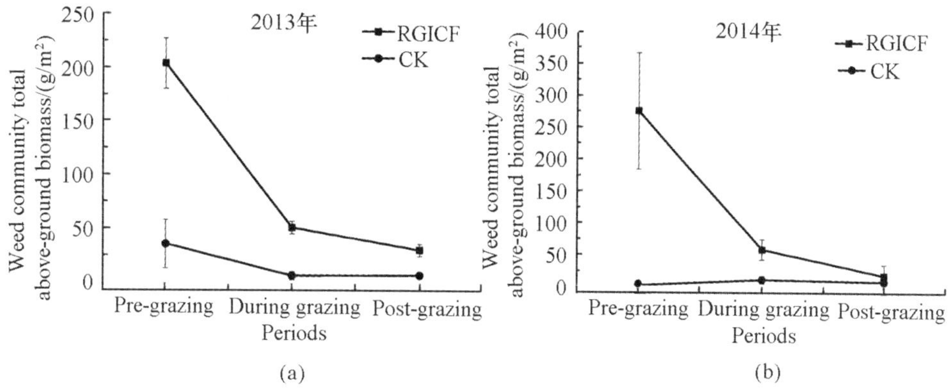

图 5-4 2013—2014 年不同处理对杂草群落总地上生物量的影响

Fig. 5-4 Effect of different treatments on above-ground biomass of weed communities during 2013 to 2014

对照 50.50% (P=0.019)、27.42% (P=0.002)和 70.59% (P=0.019)，但 E 指数处理间并无显著差异(P=0.611)，相同的趋势从群落等级多度图中也可体现(玉米田养鹅处理多度曲线下滑较为缓慢)；与中期相同，后期玉米田养鹅处理 H' 和 D_{MG} 指数分别高出对照 28.89%(P=0.021)和 63.73% (P=0.007)，但 E 指数低于对照 9.68% (P=0.013)，D 指数处理间并无显著差异(P=0.087)。

2014 年玉米田养鹅处理前期杂草种类较多，优势杂草种群多度分配比例较大偶见种数量较多，各种群多度分配不均匀(图 5-5b)，其 Pielou 群落均匀度指数低于对照 0.10(P=0.027)(表 5-6)，但杂草群落 Margalef 丰富度指数、Shannon-Wiener 和 Simpson 多样性指数分别高出对照 1.51(P<0.001)、0.78(P=0.003)和 0.19(P=0.010)；在玉米田养鹅处理进行鹅的放牧后，9 月玉米田养鹅处理和对照的马唐的相对多度分配均下降，尼泊尔蓼(*Polygonum nepalense*)的相对多度分配均变为最大，分别为 23.94%和 41.11%，与对照相比，玉米田养鹅处理在优势种(>10%)、常见种(1%~10%)和偶见种(<1%)的相对多度分配比例均匀，曲线下滑缓慢，玉米田养鹅处理 H'、D 和 D_{MG} 指数高出对照 1.04 (P=0.003)、0.3 (P=0.003)和 1.53 (P=0.001)，但 E 指数处理间并无显著差异(P-0.367)；在后期，对照杂草物种数持续增加，但优势种仍占据较大分配比例，曲线下滑较快，各杂草种群相对多度分配不均匀，与之相反，玉米田养鹅处理和对照的优势杂草种相对多度分配均有所下降，常见种和偶见种的分配也逐渐均匀，但玉米田养鹅处理物种数较多，各杂草种群相对多度分配更均匀。玉米田养鹅处理 H'、D、E 和 D_{MG} 指

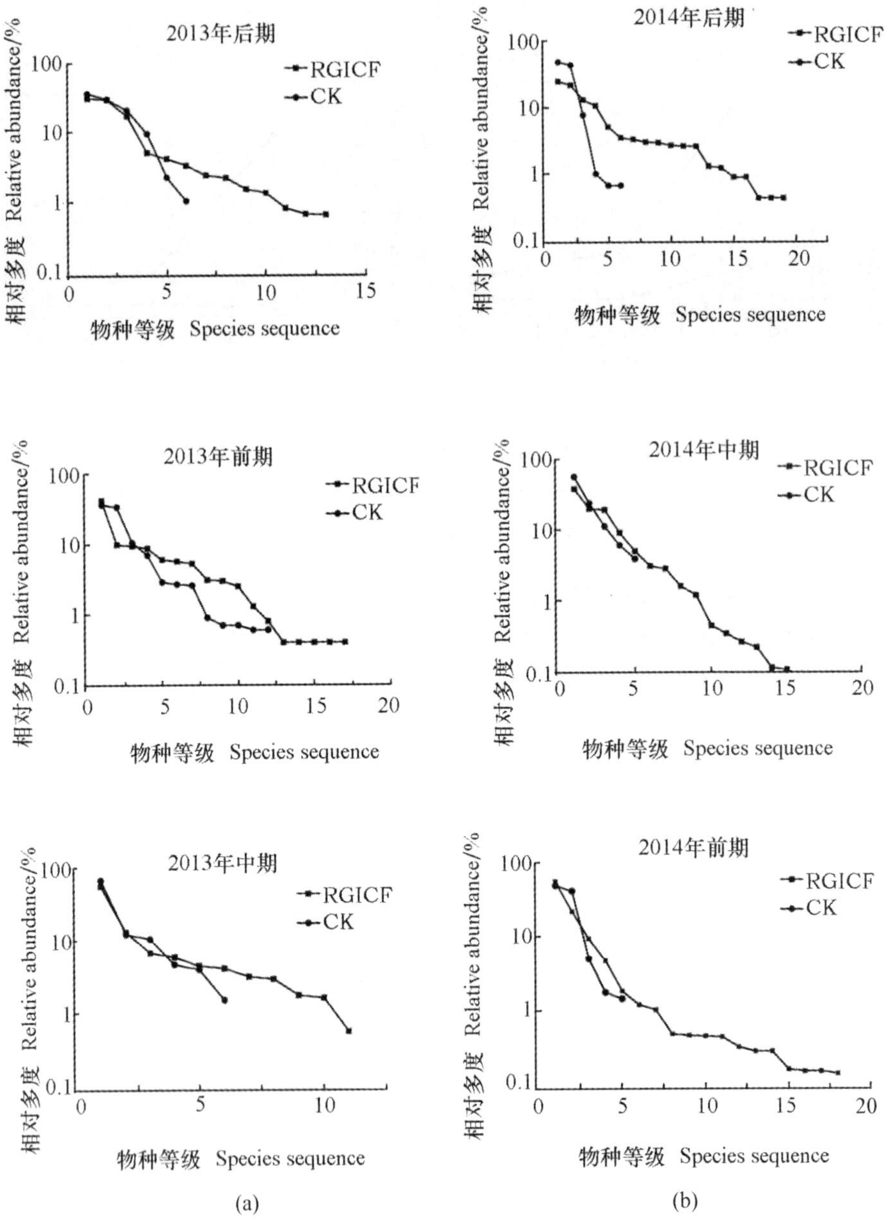

图 5-5　2013—2014 年不同处理对杂草种群多度分配的影响

Fig. 5-5　Effect of different treatments on abundance distribution of weed populations during 2013 to 2014

数分别高出对照 1.17（P=0.001）、0.28（P=0.004）、0.09（P=0.006）和 0.99（P=0.007）。

2014 年玉米田养鹅处理中前期 Pielou 群落均匀度指数、Margalef 丰富度指数、Shannon-Wiener 和 Simpson 多样性指数与 2013 年间并无显著差异，但在中期和后期各指数较 2013 年分别上升了 0.17、1.68、0.42 和 0.17，0.09、2.03、0.46 和 0.08，年际间差异显著（P<0.05）。在对照，2014 年前期 Pielou 群落均匀度指数高出 2013 年 0.08，但 Shannon-Wiener 和 Simpson 多样性指数较 2013 年分别减少了 0.51 和 0.13；2014 年中期和后期 Margalef 丰富度指数较 2013 年分别提升了 0.9 和 1.67；Pielou 群落均匀度指数和 Simpson 多样性指数在 2013 后期分别高出 2014 年 0.08 和 0.13。

表 5-11 不同处理下杂草群落多样性指数

Tab. 5-11 Weed community diversity indices under different treatments

处理 Treatment		2013 年		2014 年	
		玉米田养鹅 RGICF	对照 CK	玉米田养鹅 RGICF	对照 CK
前期	D_{MG}	2.19±0.53a	1.49±0.47a	2.40±0.14a	0.89±0.18b
	H'	1.74±0.09a	1.51±0.22a	1.78±0.11a	1.00±0.18b
	E	0.72±0.09a	0.75±0.03a	0.73±0.03a	0.83±0.04b
	D	0.77±0.04a	0.71±0.05a	0.77±0.02a	0.58±0.07b
中期	D_{MG}	1.81±0.28a	1.06±0.20b	3.49±0.48a	1.96±0.41b
	H'	1.56±0.04a	1.03±0.08b	1.98±0.00a	0.94±0.17b
	E	0.69±0.05a	0.67±0.02a	0.84±0.02a	0.78±0.09a
	D	0.66±0.03a	0.52±0.02b	0.83±0.02a	0.53±0.08b
后期	D_{MG}	1.62±0.17a	0.99±0.13b	3.65±0.32a	2.66±0.45b
	H'	1.70±0.10a	1.32±0.15b	2.16±0.14a	0.99±0.22b
	E	0.78±0.01a	0.86±0.03b	0.87±0.03a	0.78±0.01b
	D	0.77±0.02a	0.70±0.04a	0.85±0.03a	0.57±0.08b

注：表中 D_{MG} 表示 Margalef 丰富度指数、H' 表示 Shannon-Wiener 多样性指数，E 表示 Pielou 均匀度指数，D 表示 Simpson 多样性指数。同一行每个时期不同字母表示在 0.05 水平上差异显著。

Note: The D_{MG} present Margalef richness index, H' present Shannon-Wiener diversity index, and E present Pielou evenness index, and D present Simpson diversity index. Different letters in each row indicate a difference between treatments at the 0.05 significance level.

5. 不同处理下经济效益分析

从表 5-12 中可以看出，按照每公顷计算，玉米田养鹅处理的经济投入是对照

2.36 倍，其中饲料(32.84%)、地租(16.89%)、劳力(14.08%)和雏鹅(14.08%)是主要的经济投入；对照中地租(39.83%)、化肥(12.74%)和劳力(13.28%)是主要的经济支出；从经济产出来看，玉米田养鹅处理的总收入是对照的 2.62 倍，而由于较高的经济产出，玉米田养鹅处理的产投比高出对照 0.12，从净收益来看，玉米田养鹅处理净收益达 15 733.03 元/hm^2，是对照的 5.18 倍。

表 5-12 2013—2014 年不同处理下的经济投入—产出结构以及经济效益

Tab. 5-12 Economic input-output structure and economic benefits different treatments during 2013－2014

元/hm^2

项目 Item		玉米田养鹅 Raising geese in cornfields	对照 CK
投入 Input	生产用水 Water	7.25	—
	饲料 Feed	23 333.33	—
	燃料 Fuel	219.73	219.73
	薄膜 Film	2 800.00	2 800.00
	复合肥 Chemical fertilizer	3 840.00	3 840.00
	机械折损 Machinery depreciation	2 516.67	2 516.67
	尼龙网 Nylon net	2 250.00	—
	取暖器 Heating device	333.33	—
	除草剂 Herbicide	0.00	590.63
	兽药 Medicine	500.00	—
	地租 Land rent	12 000.00	12 000.00
	电力 Hydropower	1 000.00	—
	劳力 Labor	10 000.00	4 000.00
	种子 Corn seeds	2 250.00	2 250.00
	雏鹅 Baby geese	10 000.00	—
	合计 Total	71 050.31	30 126.39
产出 Output	出栏鹅 Geese	55 200.00	—
	玉米 Corn	31 583.33	33 166.67
	合计 Total	86 783.33	33 166.67
产投比 Output/Input		1.22	1.10
净收入 Net income		15 733.03	3 040.28

5.3.3 讨论

1. 不同处理对杂草群落结构和多样性的影响

杂草种群的发生、发展影响着杂草群落的结构及功能。耕作措施的改变都将会对土壤种子库产生和种子萌发产生影响(魏守辉，2005;Goldberg，1990)，对照农田运用化学除草剂来控制田间的杂草，从而导致对照杂草群落物种种类减少，杂草总密度较低且田间优势种单一，物种丰富度较小，生物量降低；而玉米田养鹅处理由于只是通过养鹅措施来适度控制杂草，使之尽可能不影响作物的生产，而不会让杂草灭绝，以致田间杂草种类、密度均远高于对照，因此玉米田养鹅处理杂草群落物种丰富度显著高于对照。

在玉米田养鹅处理前期(放牧前)，由于农田播种后即进行封闭式管理，未进行除草，一些杂草种群发展迅速成为优势种使得杂草群落中各种群的多度分配比例不均匀，杂草群落 Pielou 均匀度指数较低；但在中期后，由于鹅在田间的活动，使得杂草种群尤其是优势杂草种群的数量、高度以及生物量均大幅下降，从而优势种多度分配比例减少，各杂草种群的多度分布趋于均匀，杂草群落 Pielou 均匀度指数较放牧前显著增加；而在后期随着鹅活动的影响加剧，导致原有的杂草竞争格局被打破，空缺的生态位空间逐渐出现，非优势种的发展以及新物种的介入，导致群落物种丰富度显著增加。

对照在杂草萌发后施用除草剂(Post-emergence applied)，有效地控制了除草剂敏感型杂草的生长发育，但非除草剂敏感型或迟钝型杂草在喷施除草剂后仍占据一定的生态位空间，消耗水肥，会对玉米产量造成影响。此外对照喷施除草剂60 d 后(前期)，后萌发杂草开始利用空缺的生态位空间，杂草总密度和生物量增加，但其对资源空间的占有能力仍然较弱，这可能是后萌发杂草的生态特性与原优势杂草种(对除草剂敏感)大不相同，不能利用敏感性优势杂草所“空缺”下来的生态位空间而成为新的优势杂草(马丽荣，2006)。

玉米田养鹅生产方式通过鹅的放牧有效控制了各杂草种群的发生发展并维持了较高的杂草群落物种丰富度和多样性，但毕竟田间存在一定数量的杂草，杂草与作物的拮抗作用仍可能对作物产量造成一定影响，这需要在经济效益与生态效益组成的总体效益上进行均衡。

此外，玉米田养鹅连续生产时间也对杂草群落结构产生影响，但这种影响的结果，还需要时间来说明。

2. 不同处理对经济效益的影响

玉米田养鹅处理中，2013 年和 2014 年玉米产量较对照平均减少了 4.77%，这可能是两方面原因所造成的，一方面是鹅对玉米穗位以下部分叶片的采食，导致玉米单株叶面积下降，光合产物总量下降，导致作物减产；另一方面是田间杂草的存在，杂草和作物之间对养分、光照资源的竞争也可能导致作物减产。即便玉米有所减产，但在玉米田养鹅处理中玉米的减产仍可由鹅的经济产出得以补偿，并获得更高的经济效益，连续两年的数据已经初步说明了这一点。

5.3.4 结论

玉米田养鹅处理下，鹅的放牧有效控制各杂草种群的发生发展并维持了较高的物种丰富度和多样性，同时肉鹅和玉米共同产出获得了较高的经济效益；对照使用除草剂控制杂草群落的发展并获得了较高的玉米产量，但总体经济效益较低。

玉米田养鹅农田系统杂草群落特征相关指标，年际间各项指标差异较大。初步呈现随着生产年限延长，农田杂草群落呈现杂草种类增加，Pielou 群落均匀度指数、Margalef 丰富度指数、Shannon-Wiener 和 Simpson 多样性指数显著升高，密度显著降低，但杂草总生物量差异不大的趋势。

总的来看，连续两年的玉米田养鹅不仅维持了较高的杂草群落多样性并获得了更高的经济效益，实现了经济效益和生态效益的协调统一，但也对杂草群落结构特征产生明显的影响。

5.4　土壤和植株性状对玉米田养鹅系统生物多样性的响应

农田生态系统具有重要的社会服务和生态服务功能，在维持区域生态安全价值方面发挥着十分重要的作用（Stephen A Wood *et al.* , 2015）。传统的玉米田生态系统中，杂草在养分和生长空间等方面与玉米存在强烈的竞争作用，另外有些杂草还会传播病虫害（崔亮亮等，2009），进而影响玉米的产量及品质，而在现代玉米生产中，除草剂的施用虽能够有效抑制杂草的繁衍与生长，但明显降低了农田生态系统的多样性，从而对农田生态系统的稳定性及可持续性造成严重威胁，造成了农田生态系统物种单一、生物多样性及抗病虫害能力降低等等一系列的问题（Rey *et al.* , 2010）。

任何生态系统都有维持其自身稳定平衡的机制，而生物多样性将是维持生态系统稳定平衡机制及可持续发展的基础（Tilman D *et al.*，1994）。杂草在农田生态系统中的存在具有一定的合理性，并具有某些潜在价值，如对陕西秦岭山区野生苔草属植物的研究发现，硬果苔草（*Carex sclerocarpa*）、青绿苔草（*C. brevriculmis*）等具有较高的坪用价值（修娜等，2011）；对纤维素类能源草的研究发现，某些能源草不仅是重要的能源植物与良好的生物质资源，还在降低温室气体 CO_2 浓度以及促进土壤碳的积累方面具有积极的作用（侯新村等，2011）。因此，为了提高农田生态系统稳定性及保证农田生态系统长远的发展，将杂草作为某种可利用资源，探索一种有效利用杂草资源来获取较高经济效益的生产方式势在必行。

“农牧一体化”（agro-pastoral integration，API）（关法春等，2011）下的“玉米田养鹅”模式，即是一种保留田间杂草并实现高效利用的一种农业生产模式，其是通过在玉米田间放养一定数量的鹅来控制杂草的生长与繁衍，从而在不影响玉米产量及品质的同时，利用田间杂草获得较高的养鹅收入。该生产方式保留了田间杂草，因而对维持农田生态系统生物多样性及可持续发展起到了十分重要的作用，然而，田间杂草多样性对玉米植株的生长及土壤性状的影响尚不清楚。因此，进行玉米田养鹅农田生态系统的生物多样性方面的研究，并明确杂草生物多样性特征对玉米植株生长情况以及土壤性状的影响，旨在为今后农田水分、养分的管理以及玉米植株生长管理提供技术指导，为“农牧一体化”理论研究和技术模式应用提供理论依据。

5.4.1 试验区概况

试验地位于西藏林芝市八一镇（29°33′N，94°21′E），当地具体气象状况和土壤状况参见文献（关法春等，2013）。

5.4.2 研究方法

5.4.2.1 试验设计

2013 年起，开始进行玉米田养鹅的田间试验研究。每年 4 月份末或 5 月初进行耕地、播种和覆膜，玉米品种为“酒单 4 号”，玉米植株行距为 25 cm×45 cm，并设置保护行。以复合肥 400 kg/hm^2 作为主要农田底肥，其主要成分及含量包括：$w(N)=33\%$、w(有机质)$=20\%$、$w(P_2O_5)=17\%$、$w(K_2O)=17\%$。在玉米农田内设置玉米田养鹅处理（RGC）和对照（CK），3 次重复，每个小区占地面积 80 m^2，小区随机排列。玉米田养鹅处理的农田不除草，该处理小区四周用 50 cm 高尼龙网围封，7 月末或 8 月初进行玉米田养鹅；对照使用除草剂“玉雕”(成分：莠去津，化学名称：2-氯-4-二乙胺基-6-异丙胺基-1，3，5-三嗪，比例：90%)进行杂草管理，施用量为 1.65 kg/hm^2(溶于 120 L 水中)，利用背式喷雾器进行喷施，喷头处罩上自制罩头避免除草剂逸散，玉米播种后施用一次。

2016 年 7 月 6 日至 7 月 11 日进行本次试验的数据采集，对玉米田养鹅农田生态系统内的杂草、玉米及土壤相关性状进行数据收集与处理。

5.4.2.2 测定项目与方法

1. 杂草群落特征

随机采样调查，每个取样样方面积均为 50 cm × 50 cm，每个小区 3 次重复，记录样方内杂草种类、密度、高度及盖度等，并将杂草在 105℃温度条件下进行 30 min杀青，然后在 80℃烘干至恒重，称重并记录杂草地上生物量。

根据样地调查数据，计算出各样地杂草种类的重要值，其公式为相对重要值(IV)=(相对高度+相对密度+相对盖度+相对频度+相对生物量)/5。杂草多样性分析见式(5-3)至式(5-8)。

2. 土壤理化性质

在每个处理的各小区内随机选取三个样点取土样，采用烘干法测定土壤含水量，采用土壤紧实度仪(SC900)测量各样点 0～35 cm 土层的土壤紧实度。

将土样风干，待测，过 1 mm 筛，称取 2.0 g 风干土样，用 1 mol/L NaOH 碱解—扩散法测量土壤的碱解氮含量；称取 2.5 g 风干土样，用 0.5 mol/L $NaHCO_3$ 浸提—钼锑抗吸光光度法测量土壤中有效磷含量；称取 5.0 g 风干土样，用 1.0 mol/L NH_4OAc 浸提—火焰光度法测量土壤中有效钾的含量。

3. 玉米性状

每个小区随机选取 3 株生长正常、长势一致的玉米植株，用钢尺(精确度为 0.1 cm)测量其株高 (H_{ij})、叶片长度 (L_{ij}) 和最大叶宽 (B_{ij})，用游标卡尺测量其径粗 (D_{ij})，功能叶叶片的叶绿素 (S_{ij}) 含量用手持式叶绿素测定仪(型号：SPAD-502)进行测定，并将植株从地面第一个茎节基处砍下，称量其鲜重 (F_{ij})，然后在 105℃杀青 30 min，并在 80℃烘干至恒重，称重并记录数据 (D_{ij})，计算植株干物质含量。

玉米植株叶面积(A)计算方法：

$$A = 0.75 \frac{\sum_{j=1}^{m} \sum_{i=1}^{n} (L_{ij} \times B_{ij})}{m} \tag{5-9}$$

式中，n 为第 j 株玉米的总叶片数；i 为第 j 株玉米的某一片叶；m 为测定株数。

利用 Excel 2010 和 SPSS 21.0 统计软件进行数据分析并作图，采用 t-检验法进行差异显著性分析。

5.4.3 结果与分析

5.4.3.1 杂草群落特征

1. 玉米田杂草种类、密度、功能群

调查结果（表 5-13）显示：玉米田养鹅处理区有 19 种杂草，其中菊科最多，共 5 种，禾本科有 3 种，木贼科、天南星科、蓼科各有两种，其他藜科、十字花科、莎草科、唇形科、茜草科各有 1 种；对照有 9 种杂草，比玉米田养鹅处理少 10 种，其中菊科、木贼科和禾本科均有 2 种，蓼科、天南星科、莎草科各有 1 种。

表 5-13 不同处理下杂草的种类及密度

Tab. 5-13 Weed species and density under different treatments

功能群及种名 Weed species and functional groups	植株密度 Density/(株/m^2)	
	RGC	CK
被子植物 Angiosperm		
单子叶一年生或越年生被子植物（MA） Monocotyledonous angiosperm and annual & biennial		
马唐 *Digitaria sanguinalis*	66.22±16.71**	1.78±0.38
野燕麦 *Avena fatua* L.	2.22±0.96	—
单子叶多年生被子植物（MP） Monocotyledonous angiosperm and perennial		
半夏 *Pinellias ternate*	17.33±5.29*	7.11±1.35
萨嘎苔草 *Carex sagaensis*	0.44±0.19	3.11±1.35*
白草 *Pennisetum centrasiaticum*	1.33±0.33	5.33±1.53*
天南星 *Arisaema heterophyllum* Blume	2.22±0.96	
双子叶一年生或越年生被子植物（DA） Dicotyledonous angiosperm and annual & biennial		
大籽蒿 *Artemisia sieversiana*	5.77±0.84	—
灰绿藜 *Chenopodium glaucum*	275.56±30.36	—
牛膝菊 *Galinsoga parviflora*	216.44±38.95**	0.44±0.19
加拿大白酒草 *Conyza canadensis*	1.33±0.33	5.78±1.17*
荠菜 *Capsella bursa-pastoris*	6.67±1.67	—
鼠麴草 *Gnaphalium affine*	0.44±0.19	—
宝盖草 *Lamium amplexicaule* L.	1.33±0.33	—
猪殃殃 *Galium aparine* L. var. *tenerum* Gren. et (Godr.) Rebb.	0.44±0.19	—

续表 5-13

功能群及种名 Weed species and functional groups	植株密度 Density/(株/m^2)	
	RGC	CK
尼泊尔蓼 *Polygonum nepalense*	72.00±10.81**	0.89±0.19
荞麦 *Fagopyrum esculentum* Moench.	0.89±0.38	—
双子叶多年生被子植物(DP) Dicotyledonous angiosperm and perennial		
蓟 *Cirsium japonicum*	0.89±0.19	—
蕨类植物 Pteridophyte		
蕨类一年生功能群(FA) Ferny and annual	—	—
蕨类多年生功能群(FP) Ferny and perennial		
节节草 *Hippochaete ramosissimum*	5.33±1.45	7.11±1.35
散生木贼 *Equisetum diffusum*	8.44±0.19	12.89±2.78
合计	685.33±77.50**	44.44±3.64

注:RGC:玉米田养鹅;—表示杂草在该区域未出现。* 表示在 $P<0.05$ 水平差异有统计学意义,** 表示在 $P<0.01$ 水平差异有统计学意义,下同。

Note: Please see Table 1 for details of each abbreviation; RGC: Raising geese in cornfield. "—" indicates that this weed species does not appear in this area, Asterisk (*) indicates significant at the 0.05 probability level; Asterisk (**) indicates significant at the 0.01 probability level; the same as the below.

从杂草种类和数量统计结果来看,玉米田养鹅处理杂草群落总密度为 685.3 株/m^2,是对照密度(44.4 株/m^2)的 15.42 倍,处理间差异极显著($P<0.01$)。

玉米田养鹅处理中,灰绿藜和牛膝菊密度最大,占据较大优势。灰绿藜密度为 275.6 株/m^2,对照中未见灰绿藜;牛膝菊密度为 216.4 株/m^2,是对照密度(0.4 株/m^2)的 487 倍,处理间在统计学上差异极显著($P<0.01$);玉米田养鹅处理尼泊尔蓼(72.00 株/m^2)、马唐(66.2 株/m^2)密度分别是对照的 81 倍和 37.25 倍,处理间在统计学上差异极显著($P<0.01$)。而对照的白草、加拿大白酒草、散生木贼、节节草、萨嘎苔草均高于玉米田养鹅处理,处理间总密度差异不显著($P>0.05$);玉米田养鹅处理杂草种类以及灰绿藜、牛膝菊、马唐等杂草数量相比对照,差异极显著 ($P<0.01$)。从功能群杂草密度来看,不同功能群杂草的密度相差很大,DA 功能群杂草的密度远远高于其他五种功能群。

2. 杂草多样性及地上生物量

玉米田养鹅处理杂草自由生长,而对照进行除草剂除草,影响了杂草群落物种结构及密度构成,使杂草群落指标发生变化(表 5-14)。与对照相比,玉米田养鹅

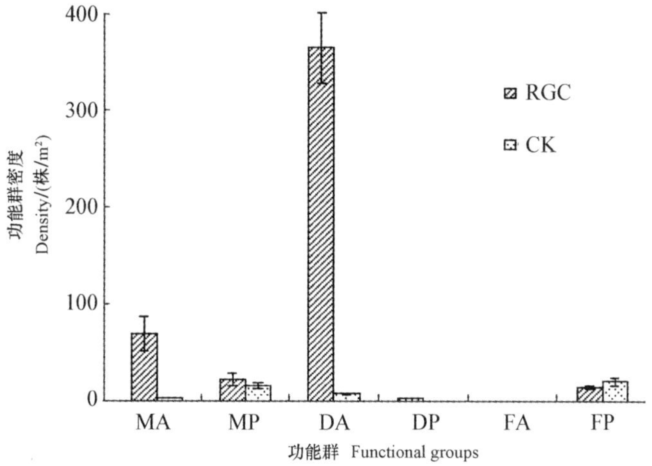

图 5-6 功能群杂草密度

Fig. 5-6 Weed density of functional groups

处理杂草群落 Shannon-Wiener 多样性指数、Simpson 多样性指数为 1.76 和 0.77，分别是对照的 1.01 倍和 1.06 倍，但处理间差异不显著（$P>0.05$）；而对照的 Pielou 均匀度指数和 Margalef 物种丰富度指数高于玉米田养鹅处理，分别是玉米田养鹅处理的 1.16 倍和 1.17 倍，处理间差异不显著（$P>0.05$）；玉米田养鹅处理杂草群落的干物质产出直接影响到后期牧鹅饲草的供给力，玉米田养鹅处理杂草群落地上生物量是对照的 68.12 倍，处理间差异极显著（$P<0.01$）。

表 5-14 在不同处理下杂草群落的多样性指数和地上生物量

Tab. 5-14 Biodiversity indices and aboveground biomass of weed community

多样性指数 Biodiversity indices	RGC	CK
Shannon-Wiener 多样性指数 H'	1.76±0.18	1.67±0.20
Pielou 均匀度指数 E	0.69±0.05	0.80±0.07
Margalef 物种丰富度指数 D_{MG}	2.41±0.53	2.82±0.78
Simpson 多样性指数 D	0.77±0.04	0.76±0.05
地上生物量 Aboveground biomass /g	386.30±14.47**	5.67±0.80

杂草种类多样性的提高及杂草密度的增加，必然会导致地表环境因素的变化，如地表生境、水分、光照、温度等，从而引起土壤养分的改变，进而引起在该生境生长的玉米植株生长状况的变化。

5.4.3.2 土壤性质

1. 土壤含水率

由图 5-7 可知，玉米田养鹅处理及对照间土壤含水率存在差异，养鹅处理区土壤含水率为 16.14%，高于对照 1.27%，处理间土壤含水率在统计学上差异不显著($P>0.05$)，表明玉米田养鹅处理对土壤含水率影响较小。

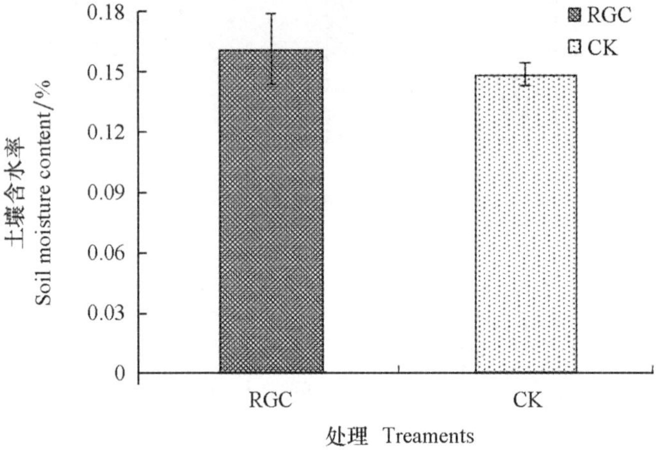

图 5-7 不同处理下的土壤含水率

Fig. 5-7 Soil moisture content under different treatments

2. 土壤紧实度

除 5 cm 处土层外，在 0、10、15、20、25、30 及 35 cm 土层处，玉米田养鹅处理的土壤紧实度均小于对照(见图 5-8)，并且在 15～30 cm 土层之间土壤紧实度处理间差异极显著($P<0.01$)；随着土层加深至 35 cm，玉米田养鹅处理与对照的土壤紧实度之间的差距减小，处理间土壤紧实度在统计学上差异显著($P<0.05$)。从总体趋势看，玉米田养鹅处理使得耕层土壤紧实度减小，耕层土壤的疏松程度增加。

3. 土壤养分状况

玉米田养鹅处理对土壤常规速效养分含量存在一定影响(图 5-9)。从碱解氮指标来看，对照的碱解氮含量为 86.48 mg/kg，略高于玉米田养鹅处理 2.67 mg/kg，而玉米田养鹅的速效磷含量为 120.98 mg/kg，高于对照(106.25 mg/kg)，处理间碱解氮及速效磷含量差异均不显著($P>0.05$)；对照的速效钾含量为 161.07 mg/kg，高出玉米田养鹅处理 28.66 mg/kg，处理间差异显著($P<0.05$)。

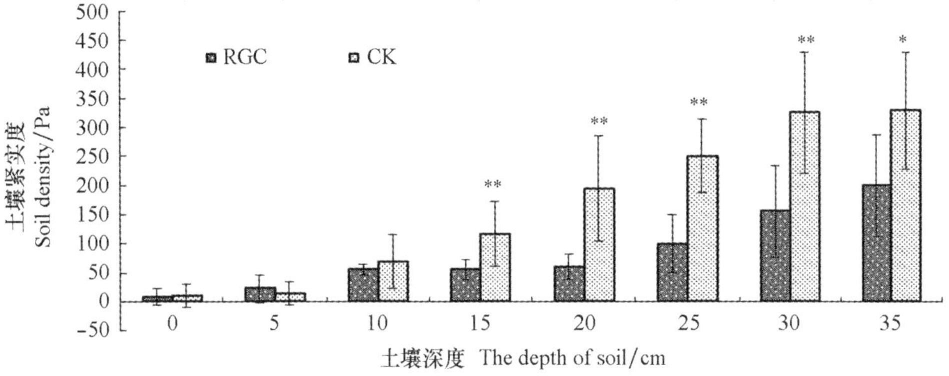

图 5-8 不同处理下的土壤紧实度

Fig. 5-8 Soil density under different treatments

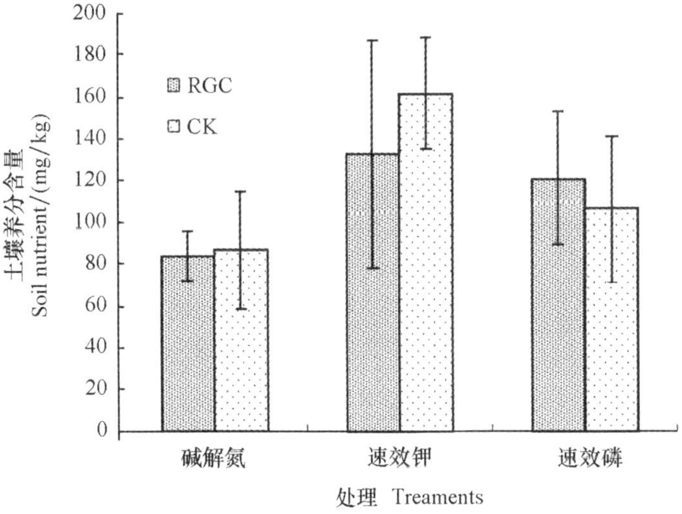

图 5-9 不同处理下土壤养分指标

Fig. 5-9 Soil nutrient under different treatments

5.4.3.3 玉米植株农艺性状

由表 5-15 可知，玉米田养鹅处理下的玉米植株各项指标均低于对照。玉米植株株高、叶宽、叶长、茎粗、叶面积、叶绿素含量及植株含水率分别为 102.44 cm、6.89 cm、63.43 cm、19.768 cm、329.24 cm^2、50.43 和 86.55%，分别低于对照 4.36%、12.45%、3.89%、16.45%、15.9%、14.35%和 1.37%，其中玉米田养鹅处理下的玉米植株叶宽、茎粗、干物质量显著低于对照($P<0.05$),但植株株高、叶长、叶面积和叶绿素含量与对照相比差异不显著($P>0.05$),由此说明玉米田养鹅模式会影响玉米植株的农艺指标。

表 5-15 不同处理下玉米植株表型特征

Tab. 5-15 Plant characteristics of maize under different treatments

性状 Characteristics	RGC	CK
株高 Plant height/cm	102.44±10.08	107.11±5.84
叶宽 Leaf width/cm	6.89±0.63	7.87±0.75*
叶长 Leaf length/cm	63.43±4.50	66.00±6.42
茎粗 Stem diameter/cm	19.768±2.28	23.660±2.70*
叶面积 Leaf area/cm²	329.24±67.93	391.51±86.28
叶绿素含量 SPAD value	50.43±6.14	58.88±5.54
干物质量 Amount of dry matter/g	38.16±9.14	51.26±11.65*

5.4.4 讨论

1. 玉米田养鹅农田生态系统杂草多样性的形成原因

玉米田养鹅处理不施用除草剂,杂草的发生发展提高了农田生态系统的多样性。而施用除草剂则会抑制杂草光合作用(高家东等, 2013),抑制色素、氨基酸生物以及脂类的合成等,有研究发现,莠去津会影响光合体系Ⅱ(PSⅡ)的运行,它代替质体醌结合在质体醌的位置,当莠去津结合后,质体醌分子被阻止再结合和传递更多的电子,这些电子就会与细胞膜中的油脂反应,破坏细胞膜,最终导致细胞死亡(John McMurry *et al.* , 2008)。玉米田养鹅处理的养分累积以及不施用除草剂都可加剧田间杂草的生长,使得杂草种类以及数量的增加,从而提高了系统内杂草的多样性。

2. 杂草群落多样性对土壤理化性质的影响

地表植被层能在一定程度上阻碍土壤水分的蒸发(赵锦梅等, 2014),同时杂草层还具有保持水分的作用(韩惠芳等,2011;王根绪等, 2003),因此植被层能够引起土壤水分的变化(刘洪来等, 2009)。玉米田养鹅处理杂草种类及数量的增加会在地表形成一层植被层,在雨季来临试验期间使得玉米田养鹅处理土壤含水量高于对照。

玉米田养鹅处理杂草数量的增加,也会同步导致地下部分根系数量的增加,有利于疏松土壤,另一方面,土壤含水率的提高也会促进土壤疏松(Zhang *et al.* ,

2016；MA Hamza *et al.*，2005)，因此玉米田养鹅处理各土层土壤紧实度呈现低于对照的整体趋势。

经过以往连续 4 年的玉米田养鹅生产，玉米田养鹅处理农田土壤 N、K 亏缺程度显著低于对照，同时在对照 P 出现亏缺的情况下，玉米田养鹅处理的 P 素出现了少量盈余，以往的研究也验证了这一点(沙志鹏等，2016)。玉米田养鹅处理农田土壤养分明显优于对照，土壤养分状况的差异必然会导致系统内杂草种类和数量的改变。

3. 杂草群落多样性对玉米植株性状的影响

杂草与玉米植株生长存在竞争现象(L Bastiaans *et al.*，2017)。玉米田养鹅处理下杂草种类和密度的增加必然会排斥玉米植株的生长，并且杂草除了对地上光照、热能等方面在时间和空间上的互补竞争作用外，在地下对土壤养分吸收与利用等方面也存在竞争作用和促进作用，并且作物吸收养分的状况是由竞争作用和促进作用的相对大小共同决定的(李隆等，2000)。玉米田养鹅处理下的杂草多样性的增加必然会竞争土壤中的养分，使得玉米植株所能利用的养分含量减少，进而影响玉米植株的生长状况及产量和品质，且杂草地下根系的增加也会对玉米植株的生长产生阻碍作用(Muhammad Shahzad *et al.*，2016)，对玉米植株的生长产生不利影响，从而使玉米植株的各项性状低于对照。

5.4.5 结论

玉米田养鹅处理杂草种类多达 19 种，其中以菊科植物最多；密度大、优势种突出，双子叶一年生或越年生被子植物功能群(DA)占据最大优势；杂草群落的 Shannon-Wiener 多样性指数为 1.76，Simpson 多样性指数为 0.77，地上生物量较高，但 Pielou 均匀度指数和 Margalef 物种丰富度指数较低；而对照杂草种类仅有 12 种，且密度小，杂草群落的 Shannon-Wiener 多样性指数和 Simpson 多样性指数均低于玉米田养鹅处理，但 Pielou 均匀度指数和 Margalef 物种丰富度指数较高，地上生物量显著低于玉米田养鹅处理 ($P<0.01$)。

玉米田养鹅处理土壤含水率为 16.14%，仅比对照高出 1.27%，但能显著降低土壤的紧实度，但在 5 cm 土层处，较高的植物根系增加了土壤的紧实度。玉米田养鹅较高密度的杂草对土壤养分利用也较多，土壤中碱解氮、速效钾含量均低于对照，而速效磷含量高于对照。玉米田养鹅处理对玉米植株株高、叶长、叶面积、叶绿素含量影响较小，但对叶宽、茎粗、植株干物质量影响较大。

总之，玉米田养鹅农田杂草和种类增加，导致农业生态系统杂草多样性发生变化，杂草生物量显著增加，从而引起土壤水分、土壤紧实度、土壤养分含量发生变化，并对玉米植株生长产生不利影响。

5.5 “玉米田养鹅”农田生态系统下的土壤温度影响机制

土壤在太阳辐射、循环、降水等条件的影响下，与大气进行能量的交换，从而形成温度周期性的日变化和季节变化，这种变化即表层土壤温度变化（张慧智等，2009）。土壤温度是农田系统能量接收与转化、物质循环与利用等过程中的重要作用因子（陈继康等，2009），对土壤中养分积累释放、作物生长发育、作物产量与品质形成等生理生态过程产生重要影响，是环境调控和生产措施优化中的关键一环。

长期以来，土壤温度影响机制备受国内外学者关注。有研究报道，我国不同区域中土壤温度与气温、降水之间的相关性也各不相同。气温是温带区域和青藏高原区域土壤温度变化的主要影响因素，而在亚热带和热带湿润区，气温和降水共同作用于土壤温度的季节变化（张慧智等，2009）；巩玉玲等（2016）通过调查发现，土壤年均温与海拔符合线性关系，夏季土壤温度的海拔效应较其他季节明显，且海拔越高，土壤温度波动幅度越大；陈继康等研究也表明，不同耕作方式各层次土壤温度均极显著响应气温变化，耕作方式主要影响土壤温度的变化幅度并且主要表现在作物生长的某一时期；也有研究指出，农田生态系统土壤呼吸作用与土壤温度呈函数关系（张赛等，2014），土壤含水率和土壤温度之间存在线性关系（刘裴等，2013），同时植被的差异也会影响土壤温度的变化过程（Liu *et al.*，2011）。因此，土壤温度受气候、地域、海拔高度、耕作方式、土壤呼吸、土壤含水率、植被等多种因素影响，不同研究对象的土壤温度影响机制各不相同。

农牧一体化是遵循生态学原理，在同一块土地内同时种植作物和养殖畜禽的一种可持续农业生产方式，可以提高生产效益（沙志鹏等，2014）、培肥土壤（沙志鹏等，2016）、维持系统生物多样性（张宇阳等，2014）。目前对农牧一体化生产模式下的地表土壤温度影响机制研究尚属空白。尤其是在海拔高、昼夜温差大、具有特殊生态环境的典型高原地区，影响土壤温度变化的因素更为复杂，明确农牧一体化下的农田系统土壤温度变化的影响因素及其作用机理，将有助于明确农田系统的环境与作物生长发育之间关系，促进生产措施的优化和调控管理，这对于丰富农田系统土壤温度影响机制研究更具有现实意义。因此，本文以农牧一体化下“玉米田养鹅”生产模式为研究对象，采用对比方法测定了杂草指标、土壤含水率、光照和土壤呼吸等相关指标，开展“玉米田养鹅”生产前期阶段土壤温度影响机制的研究。以期初步阐明高原条件下“玉米田养鹅”农田系统影响土壤温度变化的作用机理，并明确影响土壤温度变化的主要因素，从而为今后有针对性地调控“玉米田养鹅”生产和优化生产管理提供科学依据。

5.5.1 试验区域概况

试验地位于西藏林芝市八一镇(N:29°33′,E:94°21′)，具体状况参照文献(沙志鹏等，2014)。

5.5.2 研究方法

1. 试验设计

2013年该试验农田开始种植玉米，于2016年进行本试验的数据采集工作。试验农田每年4月末5月初进行玉米播种、覆膜，玉米品种为“酒单4号”，施入复合肥400 kg/hm^2[其中，w(N)=33%；w(P_2O_5)=17%；w(K_2O)=17%；w(有机质)=20%]作为底肥，玉米株行距为25 cm×60 cm。进入6月后，在玉米农田内设置玉米田养鹅处理(E)和对照(CK)，3次重复，每小区面积为120 m^2，小区四周用50 cm高尼龙网围封，小区之间设0.6 m间隔。玉米田养鹅处理农田不除草，于玉米吐丝期，喷洒来自西藏的植物源“拒食剂”，防止鹅采食玉米叶片，并在喷洒“拒食剂”2 d后在小区内牧鹅；对照采用当地常规玉米生产方式，使用除草剂“莠去津”进行杂草管理，施用量为1.65 kg/hm^2(溶于120 L水中)，利用喷头处按照自制罩头的背式喷雾器进行喷雾，5月末施用一次，6月末再施用一次。8月初试验田开始投放雏鹅，根据当地生产经验确定小区牧鹅数量为10只，并在3个小区内轮流放牧，一个小区连续放牧3 d后转移到下一个小区。肉鹅于清晨放入小区，白天供应充足水源，夜间收回肉鹅以防止天敌危害，并投加复合饲料(约40g/只)，9月30日左右牧鹅结束。

2. 数据采集

2016年7月6—9日，在玉米吐丝期对不同处理下玉米农田的杂草进行放牧前调查。采用随机点采样法进行田间取样，每个样方的取样面积均为50cm×50cm，每小区内进行3次重复，对样方内杂草的种类、株数和盖度等指标进行记录，并将杂草带回实验室于105℃条件下杀青30 min后，在80℃下烘干至恒重，最后测算杂草地上生物量。

根据样地调查数据，计算出各样地杂草种类的重要值(n_i)，其公式为相对重要值=(相对频度+相对密度+相对盖度)/3。杂草多样性分析见式(5-4)至式

(5-7)。

2016 年 7 月 7 日,用气体静态箱—气相色谱法对土壤呼吸进行测定。每个小区安置一个静态箱(每种处理三个小区),置于小区中心位置以避免边界效应干扰。静态箱大小 50 cm×50 cm×50 cm。气体收集时间为上午 9:00～11:00,分别于罩箱后 0、10、20、30 min 用注射器抽取 100 mL 气体于预先抽真空的气袋中待测气体浓度。CO_2 气体浓度通过 Agilent 7890A 气相色谱测定,ECD 检测器,温度 350℃,柱温 55℃。根据箱内气体浓度的变化率计算排放通量。

2016 年 7 月 7 日,利用 LP－80 植物冠层分析仪对叶面积指数 LAI 进行测量。采用随机点采样法进行取样,每小区 3 次重复,对杂草冠层叶面积指数 LAI 进行记录。光照强度利用 TES－1330 数位式照度计记性测量。采用随机点采样法进行取样,每小区 3 次重复,记录杂草冠层光照强度。

2016 年 7 月 7 日,采用随机点采样法进行土样的采集,用于土壤含水率的测量,在同一位点,分别采集 0～10 cm、10～20 cm、20～30 cm 的土样,每小区 3 次重复。采集土样前,需要将盛放土样的大型铝盒进行预处理。将铝盒在 105℃恒温干燥箱中烘烤约 2 h,移入干燥器内冷却至室温后,在电子天平上称重(m_1)。将采取的土样盛放在经过预处理的大型铝盒中,并对其进行准确编号后带回实验室。装有新鲜土样的铝盒在电子天平上称重(m_2),揭开盒盖,放在盒底部,置于已预热至 105℃±2℃的恒温干燥箱中烘干至恒重。取出铝盒,并盖好盒盖,放在干燥器中冷却至室温,立即称重(m_3)。

土壤含水率计算公式如下:

$$w(H_2O) = \frac{m_2 - m_3}{m_3 - m_1} \tag{5-10}$$

式中,$w(H_2O)$为土壤的含水率(%);m_1 为烘干空铝盒质量(g);m_2 为烘干前铝盒及土样质量(g);m_3 为烘干后铝盒及土样质量(g)。

2016 年 7 月 7 日,利用 HOBO 双温度记录计对土壤温度进行测量,在 2016 年 7 月 6 日至 9 日将温度探头分别置于对照和玉米田养鹅处理地下 10 cm 处,对土壤温度进行监测,待测量结束,将数据导出。

3. 数据统计与分析

采用 Excel 2003 和 SPSS 21.0 统计软件对数据进行处理,并用 t-检验方法进行差异显著性分析。

5.5.3 结果与分析

1. 不同处理下的杂草生长状况

调查结果表明(表 5-14):玉米田养鹅处理中有 19 种杂草,其中菊科杂草最多,共有 4 种;对照有 9 种杂草,其中禾本科、菊科各 3 种,木贼科植物 2 种。

从杂草种类和数量统计结果来看,玉米田养鹅处理杂草群落平均密度为 171.33 株/m^2,是对照密度(11.11 株/m^2)的 15.42 倍,处理间总密度在统计学上差异极显著($P<0.01;n=9$)。其中,牛膝菊(Galinsoga parviflora)和灰绿藜(Chenopodium glaucum)的密度较大,占据较大优势;牛膝菊的平均密度为 216.44 株/m^2,是对照密度的(0.44 株/m^2)的 491.91 倍,处理间差异极显著($P<0.01;n=9$);马唐(Digitaria sanguinalis)的平均密度为 66.22 株/m^2,是对照密度的(1.78 株/m^2)的 37.20 倍,处理间差异极显著($P<0.01;n=9$)。

值得注意的是,灰绿藜、野燕麦(*Avena fatua* L.)、天南星(*Arisaema heterophyllum* Blume)、大籽蒿(*Artemisia sievrsiana*)、荠菜(*Capsella bursa-pastoris*)、鼠麴草(*Gnaphalium affine*)、荞麦(*Fagopyrum esculentum*)、宝盖草(*Lamium amplexicaule* L.)、猪殃殃(*Galium aparine* L. var. *tenerum* Gren. et (Godr.) Rebb.)、蓟(*Cirsium japonicum*)只在玉米田养鹅处理中出现。

玉米田养鹅措施对该农田生态系统的杂草群落植株种类和数量影响明显,而杂草群落植株种类和数量变化会对植物根系代谢和土壤呼吸等产生影响,从而引起土壤温度的变化。

表 5-16 不同处理下杂草的种类及密度

Tab. 5-16 Weed species and density under different treatments

功能群及种名 Weed species and functional groups	E	CK
被子植物 Angiosperm		
单子叶一年生或越年生被子植物 Monocotyledonous angiosperm and annual & biennial (MA)		
马唐 *Digitaria sanguinalis*	66.22±16.71**	1.78±0.38
野燕麦 *Avena fatua* L.	2.22±0.96	—
单子叶多年生被子植物 Monocotyledonous angiosperm and perennial(MP)		
半夏 *Pinellias ternate*	17.33±5.29*	7.11±1.35
萨嘎苔草 *Carex sagaensis*	0.44±0.19	3.11±1.35*
白草 *Pennisetum centrasiaticum*	1.33±0.33	5.33±1.53*
天南星 *Arisaema heterophyllum* Blume	2.22±0.96	—

续表 5-16

功能群及种名 Weed species and functional groups	E	CK
双子叶一年生或越年生被子植物 Dicotyledonous angiosperm and annual & biennial (DA)		
大籽蒿 *Artemisia sievrsiana*	5.78±0.84	—
灰绿藜 *Chenopodium glaucum*	275.56±30.36	—
牛膝菊 *Galinsoga parviflora*	216.44±38.95**	0.44±0.19
加拿大白酒草 *Conyza canadensis*	1.33±0.33	5.78±1.17*
荠菜 *Capsella bursa-pastoris*	6.67±1.67	—
鼠麴草 *Gnaphalium affine*	0.44±0.19	—
荞麦 *Fagopyrum esculentum*	0.89±0.38	—
宝盖草 *Lamium amplexicaule* L.	1.33±0.33	—
猪殃殃 *Galium aparine* L. var. *tenerum* Gren. et (Godr.) Rebb.	0.44±0.19	—
尼泊尔蓼 *Polygonum nepalense*	72.00±10.81**	0.89±0.19
双子叶多年生被子植物 Dicotyledonous angiosperm and perennial (DP)		
蓟 *Cirsium japonicum*	0.89±0.19	—
蕨类植物 Pteridophyte		
蕨类一年生功能群 Ferny and annual (FA)		
蕨类多年生功能群 Ferny and perennial (FP)		
节节草 *Hippochaete ramosissimum*	5.33±1.45	7.11±1.35
散生木贼 *Equisetum diffusum*	8.44±0.19	12.89±2.78
合计	685.33±77.50**	44.44±3.64

* 表示与 CK 相比在 $P<0.05$ 水平差异有统计学意义；** 表示与 CK 相比在 $P<0.01$ 水平差异有统计学意义；"—"表示杂草在该区域未出现。下同。

Asterisk (*) indicates significant difference from CK at the 0.05 probability level; Asterisk (**) indicates significant difference from CK at the 0.01 probability level; (—) said weeds in the region did not appear to benefit. The same as below.

2. 农田杂草生物多样性指数及地上生物量

在玉米田养鹅处理中，杂草群落物种结构和密度受到了影响，杂草群落发生变化，必然会影响田间杂草群落的生物多样性。

从表 5-17 可以看出：与对照相比，玉米田养鹅处理下杂草群落的 Shannon—Wiener 多样性指数为 1.72，是对照(1.64)的 1.04 倍，各处理间在统计学上差异不显著($P>0.05$；$n=9$)；但玉米田养鹅处理的均匀度指数(0.71)比对照(0.86)低0.15，处理间在统计学上差异显著($P<0.05$；$n=9$)，这主要是由于对照的杂

草群落的物种数少，杂草密度低，而对于群落物种均匀度，则需要物种长时间的竞争，重新分配格局，才能提高群落物种的均匀度。玉米田养鹅处理的地上生物量为386.30 g/m²，是对照(5.67 g/m²)的68.13倍，处理间差异极显著($P<0.01$; $n=9$)。玉米田养鹅处理的盖度为90.60%，是对照(7.20%)的12.58倍，处理间差异极显著($P<0.01$; $n=9$)。

玉米田养鹅措施对农田生态系统的杂草群落多样性影响明显，并极显著地提高了地上生物量和地表土壤盖度，在地表建立了一层植被保护层，这将对土壤温度产生影响。

表 5-17 在不同处理下杂草群落的多样性指数及地上生物特征

Tab. 5-17 Biodiversity indices of weed community and above-biomass under different treatments

多样性指数/Biodiversity indices	E	CK
Shannon-Wiener 多样性指数 H'	1.76±0.18	1.66±0.20
Pielou 均匀度指数 E	0.69±0.05	0.80±0.07
Margalef 物种丰富度指数 D_{MG}	2.41±0.53	2.82±0.77*
Simpson 多样性指数 D	0.77±0.04	0.76±0.05
地上生物量 Above-ground biomass/(g/m²)	386.30±14.47**	5.67±0.80
盖度 Coverage/%	90.56±0.07**	7.22±0.07

3. 不同处理下的土壤呼吸通量

玉米田养鹅处理对土壤呼吸影响比较明显(图 5-10)。玉米田养鹅处理土壤 CO_2 呼吸通量 308.64 mg/(m²·h)，对照土壤呼吸通量 234.90 mg/(m²·h)，养鹅处理是对照的 1.31 倍，处理间差异显著($P<0.05$; $n=9$)。

因此，玉米田养鹅措施能够对土壤呼吸产生影响。土壤呼吸作用会增加 CO_2 的排放和有机质的分解，加快了植物地下部分的生命活动，从而影响了土壤温度，改变农田生态系统的土壤环境。

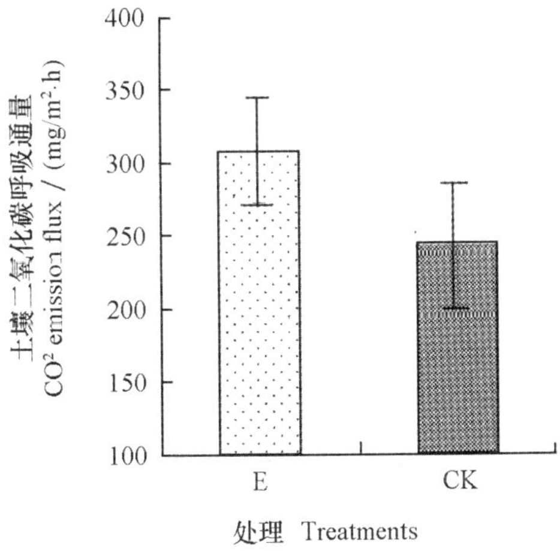

图 5-10 在不同处理下的土壤呼吸通量

Fig. 5-10 CO_2 emission flux under different Treatments

4. 不同处理下杂草层的光照情况

玉米田养鹅处理对杂草层的光照影响比较明显(图 5-11,图 5-12)。玉米田养鹅处理的叶面积指数 LAI 为 1.56,是对照(0.30)的 5.25 倍,处理间差异极显著($P<0.01$;$n=9$)。玉米田养鹅处理杂草层的光照强度为 5 488.89 lx,是对照(8 666.67 lx)的 0.63 倍,处理间差异显著($P<0.05$;$n=9$)。因此,玉米田养鹅措施能够对入射光照产生影响。另外,光照强度的差异将直接影响到地表所接受太阳辐射量,进而影响土壤温度。

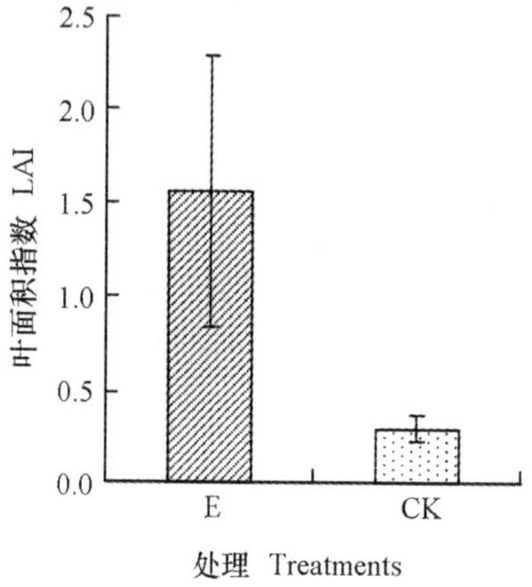

图 5-11　在不同处理下杂草群落的叶面积指数

Fig. 5-11　LAI of weed community under different treatments

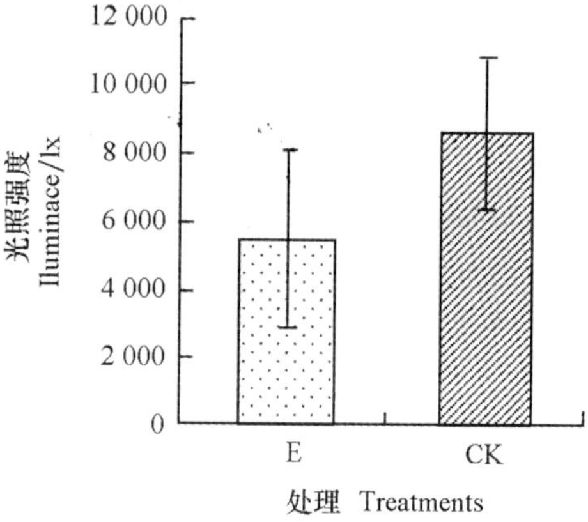

图 5-12　在不同处理下杂草群落的光照强度

Fig. 5-12　Illumination of weed community under different treatments

5. 不同处理下的土壤水分含量

玉米田养鹅处理对土壤含水量影响比较明显(图 5-13)。玉米田养鹅处理 5～15 cm 的土壤含水量为 16.14%,高于对照 1.27%,处理间差异显著($P<0.05$;$n=9$)。因此,玉米田养鹅措施能够对土壤含水量产生明显影响,而水分具有良好的导热效应,从而影响土壤温度的变化。

6. 不同处理下的土壤温度

随着气温的变化,土壤温度通常在白天 8:00 以后温度提升明显,14:00～17:00 达到最高温度。在连续三天的土壤温度监测中,玉米田养鹅处理对土壤温度影响比较明显(图 5-14)。白天土壤温度的变化中,玉米田养鹅处理土壤平均温度高于对照 0.53℃，而在夜间，玉米田养鹅处理土壤平均温度低于对照 0.18℃。随着气温的变化，土壤温度通常在白天 8:00 以后温度提升明显，14:00～17:00 达到最高温度。因此，玉米田养鹅措施能够对土壤温度产生明显影响。

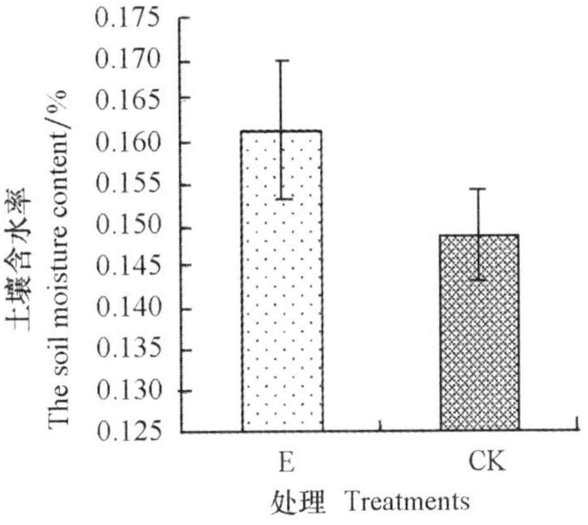

图 5-13 不同处理下的土壤水分含量

Fig. 5-13 The soil water content

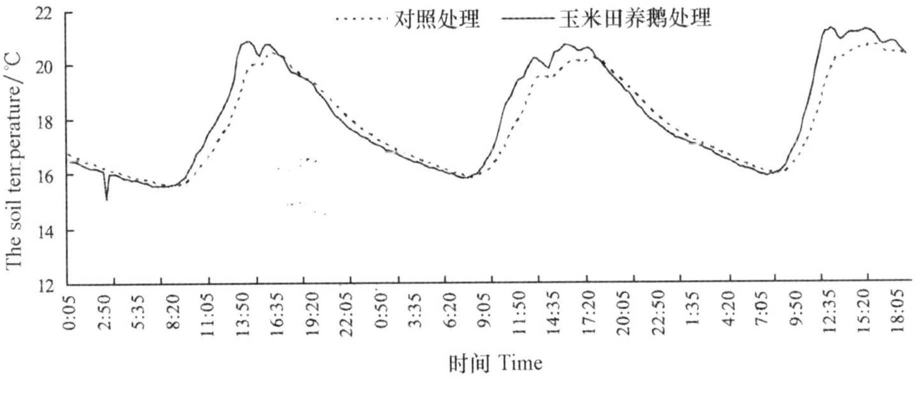

图 5-14 不同处理下的土壤温度

Fig. 5-14 The soil temperature under different processing

5.5.4 讨论

1. 农田系统植被状况对白天土壤温度的影响机制

土壤温度变化是土壤随着太阳辐射、大气温度、土壤生物活动等变化进行能量吸收与释放的过程，地表是土壤与大气热量交换的界面，地上生物量的多少也会通过影响太阳光能辐射和土壤——生物热量交换而对土壤温度产生影响（陈继康等，2009）。田间地表植被生物量和覆盖度的增加，一方面意味着植物群落根系生命活动的旺盛，散发出更多的热量(宋秋来，2014)，有益于土壤温度的提升(Ufuk O *et al.*，2017)；另一方面，田间地表植被生物量和覆盖度的增加，能够阻碍土壤表面与大气层间的水分和能量交换(关法春等，2008)，这会抑制白天地表土壤接收太阳辐射的热量(刘玮等，2007；陈素英等，2005)。因此，地表植物群落对土壤温度的增温效应要综合考虑多方面因素之间的平衡关系。

玉米田养鹅处理区别于常规处理，未进行任何除草措施，田间杂草种类丰富、密度较高、以致杂草群落 Shannon－Wiener 多样性指数和 Simpson 多样性指数较高，地上生物量和地表植被覆盖度均极显著高于对照($P<0.01$；$n=9$)，这会导致地下生物生理代谢活动旺盛，土壤呼吸作用增强，土壤 CO_2 呼吸通量增加，从而产生更多的热量(Wang *et al.*，2014)，促进白天土壤温度的提升；而对照杂草群落地上生物量极低，地表植被覆盖度有限，地下生物生理代谢活动散热量减少(宋秋来，2014)，这有利于地表接收更多的太阳辐射热量，但在试验期间白天阴天较多、光照不足的情况下(http://tianqi.2345.com/wea_history/56312.htm)，加之玉米冠层截留大部分太阳辐射能(任海建，2012)，农田地表太阳辐射能接收量极为有限(均不足 10 000 lx)，以致太阳辐射对土壤的加温效益亦有限(刘春生等，2004)，地下生物活动产生的热量成为主导白天土壤温度的主要因素。因此，在白天土壤温度变化中，玉米田养鹅处理由于地表植被状况明显优于对照，其地下生物生理代谢活动旺盛，以致玉米田养鹅处理地表土壤温度高于对照。

2. 农田系统植被状况对夜间土壤温度的影响机制

水具有优良的导热性能，在表层土壤向外界散热过程中发挥主要作用(Krzysztof Migala *et al.*，2014)。在西藏特殊的高海拔环境因素影响下，昼夜温差大且夜间温度低，以致土壤含水量越高、土壤水的导热效应越强。玉米田养鹅处理的土壤水分含量明显高于对照，在试验期间农田生态系统的夜间环境平均气温为13.00℃的情况下，表层土壤热量散失速率较快，以致夜间该处理下的土壤温度低于对照。

5.5.5 结论

玉米田养鹅处理通过改善农田杂草多样性指数、地上生物量、土壤 CO_2 呼吸通量和含水量、光照强度等条件，对土壤温度变化产生明显影响。在白天土壤温度的变化中，玉米田养鹅处理下较高的地上生物量(386.30 g/m^2 是对照的 68.13 倍)和丰富的地表植被(盖度为 90.56%，是对照的 12.54 倍)，使得田间作物生理代谢活动旺盛，土壤呼吸作用增强，土壤 CO_2 呼吸通量增加，高达 308.64 mg/(m^2·h)，是对照[234.90 mg/(m^2 · h)]的1.31倍，处理间差异显著($P<0.05$；$n=9$)，植物根系活动产生更多的热量，从而提高了土壤温度。因此，在试验期间白天光照不足，地表接受光照辐射有限的情况下(两种处理均不足10 000 lx)，生物代谢活动产生的热量是影响土壤温度的主导因素，最终白天玉米田养鹅处理的土壤温度高于对照；在夜间土壤温度的变化中，玉米田养鹅处理5～15 cm的土壤含水量为16.14%，显著高于对照1.27%($P<0.05$；$n=9$)，水的良好导热能力促进了土壤的散热，使得玉米田养鹅处理表层土壤夜间散热较快，导致夜间该处理下的土壤温度低于对照。

因此，在“玉米田养鹅”模式前期生产上，生物代谢活动和土壤含水量是影响土壤温度变化的主要因素。

6 “玉米田养鹅”农田生态系统能值分析

探索出一种对环境友好、生产效益高且技术简单的生产方式，是目前中国农业生产中亟待解决的现实问题。“农牧一体化”理论于 2011 年被提出后（关法春，2011），在生产上得到了广泛的应用。但这种生产方式的生产效率及可持续发展能力需要客观、准确地核算，为此本研究运用 Odum 提出的能值分析方法（蓝盛芳，2002；Odum，1996），对“农牧一体化”下的“玉米田养鹅”模式进行研究，明确该模式的资源利用效率、能值产出情况、环境负荷大小和可持续能力以及明确农田系统的生态能流过程，通过连续两年的时间序列数据，初步从能值分析角度实现对“玉米田养鹅”模式进行具有一定精确度的定量分析和评价，为“玉米田养鹅”模式的优化途径提供努力方向。

6.1 试验材料与方法

能值分析作为一种系统分析方法，它综合考虑了自然资源和生态经济系统的投入。依照标准能值的分析步骤。首先，利用 Odum 创立的能量系统符号语言，绘制不同处理方式下农田系统的能值图（图 6-1、图 6-2），即玉米田养鹅处理和对照处理的能值流动图，其展现不同系统内的构成组分及其相关联系、所有能量流动的方向以及能值驱动资源。其次，是能指表的绘制，本研究以西藏“玉米田养鹅”和常规玉米种植两种生产方式为研究对象，分别以 2013 年、2014 年全年时间单元，记录两年间各生产方式中物质的投入、产出量，并基于“是否可更新”，将系统能量流动分为 4 类，即可更新自然资源（renewable resources，R），不可更新自然资源（non-renewable resource，N），购入资源（purchased resources，F）其中包括购入可更新资源（purchased renewable resources，F_R）和购入不可更新资源（purchased non-renewable resources，F_N），反馈能量（feedback energy，R_2）。可更新自然资源主要包括太阳能、风能、雨水化学能和雨水势能，但为了避免重复计算，雨水化学能和雨水势能中只有雨水化学能作为可更新自然资源的投入(Xi, 2009),同时由于该地区蒸发量大于沉降量,因此蒸散能为植物生长基础的自然可更新投入能值;不可更新自然资源主要为表土净损失;购买资源主要包括机械、燃油、种子、肥料、饲料、雏鹅、水、除草剂等。在两个生产年中,玉米田均未进行灌溉,玉米田养鹅处理中水是从当地自来水公司购得,用于鹅的日常饮水。各生产体系中所有投入和产出的物资与各物质相对的转化系数即单位能值价值(unit emergy value, UEV, i. e., transformity, sej/J; specific emergy, sej/g; emergy/money ratio, sej money unit)相乘转换为太阳能值(sej)(Liu, 2015),各物资的 UEV 源于前人研究并统一全球驱动能值在 15. 20E+24 sej/年的基准上(Wang, 2015)。基于投入资源的可更新性质不同,利用“可更新比例”划分各投入物质的可更新(F_R)和不可更新(F_N)的部分,各物质的“可更新比例”源于现有研究(胡秋红等,2012;Ortega *et al.* , 2005;Cavalett *et al.* , 2006)。

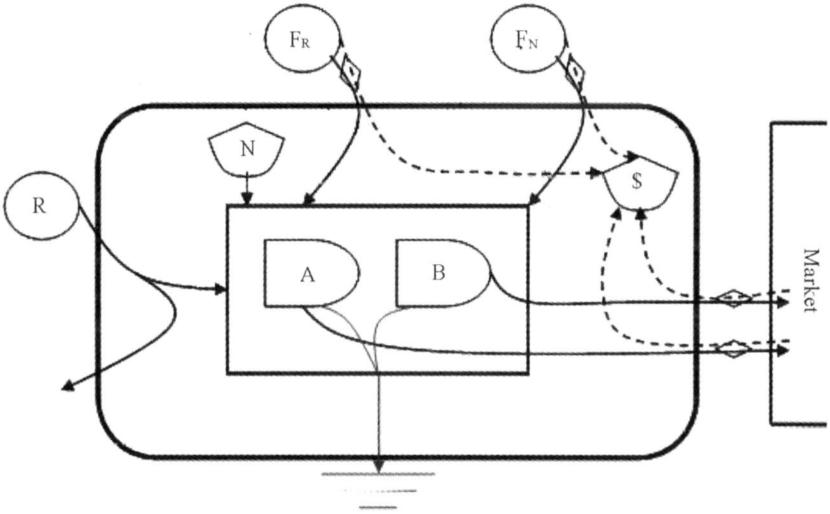

图 6-1 常规模式的系统能流图:A 2013 年的玉米生产系统,B 2014 年的玉米生产系统,R 可更新自然资源投入,N 不可更新自然资源投入,F 购买能值投入,F_N购买不可更新能值投入,F_R购买可更新能值投入,Y 总产出能值

Fig. 6-1 Emergy flow diagram of CK production model: A corn production in 2012, B corn production in 2013, R renewable natural resources inputs, N non-renewable natural resources inputs, F purchased emergy inputs, F_N non-renewable purchased emergy inputs, F_R renewable purchased emergy inputs, Y total output emergy

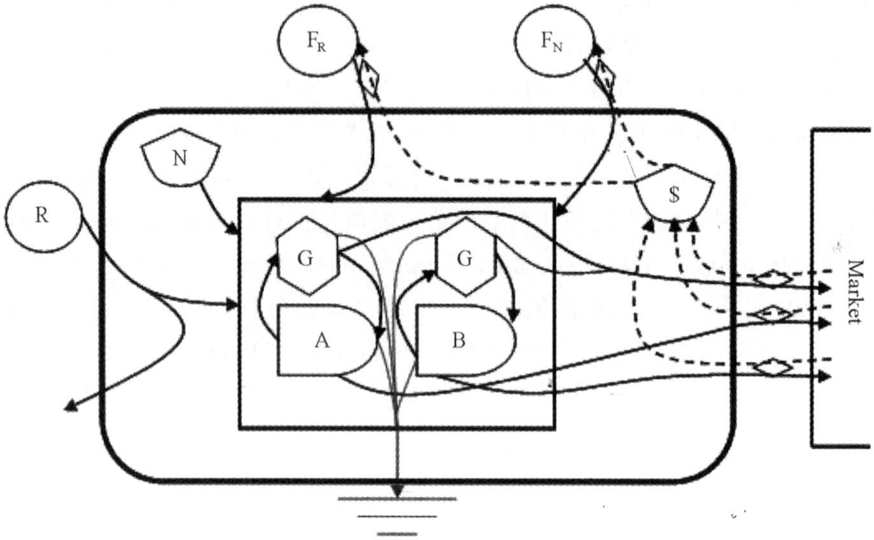

图 6-2　玉米田养鹅处理的能值图：A 2013 年的玉米生产系统；B 2014 年的玉米生产系统；R 可更新自然资源投入；N 不可更新自然资源投入；F 购买能值投入；F_N 购买不可更新能值投入；F_R 购买可更新能值投入；G 鹅的养殖；Y 总产出能值。

Fig. 6-2　Emergy flow diagram of RGICF production model：A corn production in 2012，B corn production in 2013，R renewable natural resources inputs，N non-renewable natural resources inputs，F non-renewable purchased emergy inputs，R_1 renewable purchased emergy inputs，G geese raising，Y total output emergy

最后是能值指标的计算，能值指标常用于评价生产系统各方面性能，如资源的利用效率、环境的影响和系统的可持续性，表 6-1 为本文所采用的能值指标以及相关计算公式和意义。其中环境负载率（Environmental loading ratio，ELR）最初是由 Brown and Ulgiati（1997）提出，其表达式为：（F＋N）/R。F 表示购买资源其包括了物资（material，M）和服务（Service，S），因此 ELR 也可以表示为（M＋S＋N）/R。Ortega 等提出的可更新比例，将 ELR 进行了修正，即购买资源 F 通过乘以相关的可更新比例可将购买资源分为购买可更新（F_R）和购买不可更新（F_N），因此，物资和服务也可分为可更新和不可更新（MR＋MN；SR＋SN），购买可更新的物资（MR）和服务（SR）并未对环境造成负面影响并有利于系统的稳定运行，而购买不可更新物资（MN）和服务（SN）则相反。因此，ELR 可以表示为（F_N＋N）/（R＋F_R）或（MN＋SN＋N）/（R＋MR＋SR）。在本文中鹅粪作为反馈能量直接投入田间，其含量大量有机质可改善土壤肥力、增加环境容量和降低环境负载。ELR 最终可以表示为（F_N＋N）/（R＋F_R＋R_2）。

表 6-1 能值指标体系

Tab. 6-1 System of emergy-based indices

能值指标 Emergy indictors	公式 Formula	意义 Meaning
净能值产出率 (Net emergy yield ratio, EYR)	$Y/(F_N+F_R)$	衡量生产过程对开放当地资源的能力,比率越大,系统生产效率越高 It measures the ability of productive process to exploit the local resources that are fed back from outside. The higher the ratio is, the higher this ability
能值自给率 (Emergy self-supporting ratio, ESR)	$(R+N)/U$	自然资源的投入占总投入的比例,比率越大,系统自给自足的能力越强 It indicates the emergy inputs of natural resource in proportion of total emergy inputs. The higher the ratio is, the higher the autarkic ability
环境负载率 (Environment load ratio, ELR)	$(F_N+N)/(F_R+R+R_2)$	反映了生产过程由于不可更新资源投入导致的承压状况,比率越低,承压越小 It is a indicator of the pressure of the productive process on the local environment, The lower the ratio is, the lower the pressure is to the environment
可持续能力 (Emergy sustainable indices, EIS)	EYR/ELR	评价生产过程的合理性和可持续性,其值越大,可持续能力越强 It measures the reasonability and sustainability of production process. The higher the EIS, the higher this ability
系统能值反馈率 (Feedback ratio of yield emergy, FYE)	$R_2/(F_N+F_R)$	评价系统的自组织能力,其值越大,自我组织能力越强 Evaluating the self-organizing ability of system. The higher the FYE, the higher this ability
基于能值产品安全性指标 (Emergy index of product safety, EIPS)	$(-C)/(F_N+F_R)$	评估农产品由于化肥或农药的投入导致的不安全性,其值越大,产品安全性越高 It assesses the insecurity of products by inputs of chemical fertilizer and herbicide. The higher the EIPS, the higher security of products

R:可更新自然资源,N:不可更新自然资源,F:购入资源,F_N为购入资源的不可更新部分,F_R:可更新自然资源,R_2:系统反馈量,I: 总能值投入,Y:总产出,C:农药或化肥能值。

Note: R is the emergy inputs of renewable natural resources; N is the sum of non-renewable natural resource emergy. F is the total of purchased resource emergy; F_N is the non-renewable component of purchased resource emergy; F_R is the renewable component of purchased resource emergy; R_2 is the feedback emergy in the system; U is the total emergy input of system; Y is the total yield emergy of system; C is the sum of herbicide and fertilizer emergy.

6.2 结果与分析

6.2.1 不同模式下投能结构分析

能值图(图 6-1、图 6-2)不仅显示出两种模式能值的输入与输出,也展现了系统内部的能量流动结构特征。在对照中,玉米籽粒是主要的经济产出,玉米秸秆作为牲畜的饲料同样也是主要的能量产出。

玉米田养鹅模式中,杂草是鹅主要的食源之一,鹅通过采食杂草等物质获得能量,随后其排放的粪便可作为养料为玉米和杂草的生长提供能量,增加系统能量的内部循环利用,提高能量利用效率,鹅、玉米作为主要的经济产出,秸秆与对照相同最为牲畜越冬食源。

6.2.2 不同模式下能值投入与产出分析

表 6-2、表 6-3 是不同处理下的能值投入产出分析表,玉米田养鹅的能值输入总量为 1.94E+15 sej^2/年,其中可更新自然投入、不可更新自然投入、购买可更新以及购买不可更新分别占据了总能值投入的 12.40%、0.82%、23.71% 和 63.06%,不难看出,购买不可更新能值对总能值投入的贡献最大,而购买不可更新能值主要包括了地租(37.77%)、饲料(17.17%)和机械折损(16.60%)。对照总能值投入为 1.22E+15 sej^2/年,低于玉米田养鹅处理 36.80%,其包括了可更新自然投入、不可更新自然投入、购买可更新、购买不可更新各部分分别占据了总能值投入的 20.25%、1.34%、9.26%和 71.56%,与玉米田养鹅处理相同,其购买不可更新能值对总能值投入的贡献最大,其主要包括了除草剂(5.14%)、地租(54.34%)和机械折损(23.88%)。在玉米田养鹅处理中,由于增加了电力、饲料、雏鹅和劳力等可更新比例较大的部分,玉米田养鹅的购买可更新资源是常规的 4.18 倍,同时,由于玉米田养鹅处理比对照处理增加了生产用水、饲料、取暖器、尼龙网以及药品等的不可更新能值投入,玉米田养鹅处理的不可更新能值是对照的 1.44 倍。

表 6-2 玉米田养鹅处理的能值表

Tab. 6-2 Emergy evaluation of RGICF production model

No.	项目 Item	RT	原始数据 Raw Data (J 或 g, \$)	单位能值价值 UEV[a] (sej /J 或 g, \$)	太阳能值 Solar emergy (sej)	Ref
可更新自然资源 Renewable natural resources (R)						
1	太阳能 Sunlight/J[b]	1	1.55E+12	1.00E+00	1.55E+12	Zhang X H,2014
2	风能 Wind, kinetic/J[c]	1	1.04E+09	2.35E+03	2.44E+12	Zhang X H,2014
3	雨水化学能 Rain, chemical/J[d]	1	1.40E+09	2.93E+04	4.10E+13	Zhang X H,2014
4	蒸散能 Evapotranspiration /J[e]	1	4.24E+09	4.61E+04	1.96E+14	Zhang X H,2014
	总计 Total renewable natural resources				2.41E+14	
不可更新自然资源 Non-renewable natural resource (N)						
5	表土净损失 Net topsoil loss /J[f]	0	1.35E+08	1.19E+05	1.60E+13	Zhang X H,2014
	总计 Total non-renewable natural resource				8.52E+11	
购买资源 Purchased resource (F)						
6	生产用水 Water/J	0	2.51E+07	2.97E+04	7.44E+11	Lu H,2014
7	饲料 Fodder/g	0.25	1.40E+05	2.00E+09	2.80E+14	Liu G Y,2015
8	机械折损 Machinery depreciation/ \$[g]	0.05	3.02E+01	7.09E+12	2.14E+14	Liu G Y,2015
9	燃油 Fuel/J	0.05	9.56E+07	1.06E+05	1.01E+13	Lu H,2014
10	农膜 Film /g	0.05	5.00E+03	6.10E+08	3.05E+12	Lu H,2014
11	复合肥 Compound/g	0.05	6.40E+03	4.90E+09	3.14E+13	Lu H,2014
12	尼龙网 Nylon net/g	0.05	3.90E+02	4.44E+09	1.73E+12	Liu G Y,2015
13	取暖器 Heating device/ \$	0.05	6.44E+00	7.09E+12	4.57E+13	Liu G Y,2015
14	药品 Medicine/ \$	0.05	5.16E+00	7.09E+12	3.66E+13	Liu G Y,2015
15	地租 Land rent/ \$	0.05	6.86E+01	7.09E+12	4.86E+14	Liu G Y,2015
16	电力 Hydropower/J	0.8	1.19E+09	1.97E+05	2.35E+14	Campbell D E,2009
17	劳力 Labor/J	0.6	9.05E+07	2.79E+06	2.52E+14	Liu G Y,2015

续表 6-2

No.	项目 Item	RT	原始数据 Raw Data (J 或 g，$)	单位能值 价值 UEV[a] (sej /J 或 g，$)	太阳能值 Solar emergy (sej)	Ref
18	种子 Corn seeds/ $	0.05	8.02E+00	7.09E+12	5.69E+13	Liu G Y,2015
19	雏鹅 Baby geese/g	0.2	2.00E+03	1.45E+10	2.90E+13	Castellini C,2006
	购买能值总计 Total purchased emergy(F)				1.68E+15	
	购买可更新能值总计 Total renewable purchased emergy(F_R)				4.60E+14	
	购买不可更新能值总计 Total renewable purchased emergy(F_N)				1.22E+15	
系统反馈能值 Feedback emergy in the system (R_2)						
20	鹅粪 Geese feces/g		1.10E+04	2.84E+09	3.13E+13	Castellini C,2006
	总计 Total feedback emergy in the system				3.13E+13	
	总能值投入 Total emergy input (U)				1.94E+15	
产出 Output (Y)						
21	鹅 Geese/g		5.80E+04	1.45E+10	8.41E+14	Castellini C,2006
22	秸秆 Straw/g		5.50E+05	6.59E+08	3.62E+14	Castellini C,2006
23	玉米籽粒 Corn grains/g		3.79E+05	1.98E+09	7.50E+14	Castellini C,2006
	总能值产出 Total output emergy				1.95E+15	

[a]各项 UEV 参考所给出文献并统一在 15.20E+24 sej/年的基准上。

[b]太阳能＝（平均辐射）(面积)(1－行星反射率)＝［8.08E+09 J/(m^2·年)］(240 m^2)（1－0.2)＝1.55E+12 J^2/年。

[c]风能＝（面积)(空气密度)(拽托系数)(地转风)^3(3.145E+7 S/年）＝(240 m^2)(1.23 kg/m^3)(0.002)(10/6×1.82 m/s)^3(6.290E+07 S^2/年)＝1.04E+09 J^2/年。

[d]雨水化学能＝（面积)(降雨量)(密度)(吉布斯自由能）＝（240 m^2)(1.18 m^2/年)(1 000 kg/m^3)(4 940 J/kg）＝1.40E+09 J^2/年。

[e]蒸散能＝(面积)(蒸发量)(密度)(吉布斯自由能)＝（240 m^2)(3.58 m/年)(1 000 kg/m^3)(4 940 J/kg)＝4.24E+09 J/年。

[f]表土净损失＝（面积)(侵蚀模数)(有机质)(5 400 kcal/kg)(4 186 J/kcal）＝(240 m^2)(0.085)(1.46%)(5 400 kcal/kg)(4 186 J/kcal)＝1.30E+08 J^2/年。

[g]EMR 值取 2013 年和 2014 年的平均值并统一在 15.20E+24 sej/年的基准上。

表 6-3 对照能值表

Tab. 6-3 Emergy evaluation table of CK production model

No.	项目 Item	RT	原始数据 Raw Data (J 或 g，$)	单位能值价值 UEV[a] (sej /J 或 g，$)	太阳能值 Solar emergy (sej)	Ref
可更新自然资源 Renewable natural resources (R)						
1	太阳能 Sunlight/J[b]	1	1.55E+12	1.00E+00	1.55E+12	Zhang X H,2014
2	风能 Wind，kinetic/J[c]	1	1.04E+09	2.35E+03	2.44E+12	Zhang X H,2014
3	雨水化学能 Rain，chemical/J[d]	1	1.40E+09	2.93E+04	4.10E+13	Zhang X H,2014
4	蒸散能 Evapotranspiration /J[e]	1	4.24E+09	4.61E+04	1.96E+14	Zhang X H,2014
	总计 Total renewable natural resources				2.41E+14	
不可更新自然资源 Non-renewable natural resource (N)						
5	表土净损失 Net topsoil loss /J	0	1.35E+08	1.19E+05	1.60E+13	Zhang X H,2014
	总计 Total non-renewable natural resource				8.52E+11	
购买资源 Purchased resource (F)						
6	机械折损 Machinery depreciation/MYM	0.05	3.02E+01	7.09E+12	2.14E+14	Liu G Y,2015
7	燃油 Fuel/J	0.05	9.56E+07	1.06E+05	1.01E+13	Lu H,2014
8	农膜 Film /g	0.05	5.00E+03	6.10E+08	3.05E+12	Lu H,2014
9	除草剂 Herbicide/ $	0.05	4.75E+00	7.09E+12	3.37E+13	Liu G Y,2015
10	复合肥 Compound/g	0.05	6.40E+03	4.90E+09	3.14E+13	Lu H,2014
11	地租 Land rent/ $	0.05	6.86E+01	7.09E+12	4.86E+14	Liu G Y,2015
12	劳力 Labor/J	0.6	4.04E+07	2.79E+06	1.13E+14	Liu G Y,2015
13	种子 Corn seeds/ $	0.05	8.02E+00	7.09E+12	5.69E+13	Liu G Y,2015
	购买能值总计 Total purchased emergy(F)				9.48E+14	
	购买可更新能值总计 Total renewable purchased emergy(F_R)				1.09E+14	
	购买不可更新能值总计 Total renewable purchased emergy(F_N)				8.38E+14	
	总能值投入 Total emergy input (U)				1.22E+15	
产出 Output (Y)						
14	秸秆 Straw/g		5.70E+05	6.59E+08	3.76E+14	Castellini C,2006
15	玉米籽粒 corn/g		3.99E+05	1.98E+09	7.88E+14	Castellini C,2006
	总能值产出 Total output emergy				1.16E+15	

6.2.3 能值指标分析

能值指标(Emergy-based Indicators)作为一种成熟、有效的工具,其在对玉米田养鹅和常规生产系统的生产效率、环境现状、可持续性和农产品安全性能等方面的评价结果表明(表 6-4):玉米田养鹅处理的能值产出率(Emergy yield ratio, EYR)低于对照处理 0.11;玉米田养鹅处理的能值自给率(Emergy self-supporting ratio, ESR)低于对照处理 0.09;玉米田养鹅处理和对照的环境负载率(Environment load ratio, ELR)分别为 1.69 和 2.47;玉米田养鹅处理的可持续性指标(Emergy sustainable indices, ESI)为 0.69,是对照处理的 1.31 倍。玉米田养鹅处理和对照处理的基于能值产品安全性指标(Emergy index of product safety, EIPS)分别为−0.02 和−0.08,玉米田养鹅处理产品安全性要高于对照处理。玉米田养鹅处理和对照处理的系统能值反馈(Feedback ratio of yield emergy, FYE)分别是 1.86%和 0,这说明玉米田养鹅处理的系统反馈量大,自组织能力远高于对照处理。

表 6-4 不同生产方式下的主要能值指标对比

Tab. 6-4 Comparison of main emergy-based indicators of different production models

项目 Item	玉米田养鹅 Raising geese in the corn field	传统玉米种植 Conventional corn planting
能值产出率 Emergy yield ratio, EYR	1.16	1.27
能值自给率 Emergy self-supporting ratio, ESR	0.13	0.22
环境负载率 Environment load ratio, ELR	1.69	2.47
可持续能力 Emergy sustainable indices, ESI	0.69	0.51
系统能值反馈 Feedback ratio of yield emergy, FYE	1.86	0
基于能值产品安全性指标 Emergy index of product safety, EIPS	−0.02	−0.08

6.3 讨　论

玉米田养鹅处理是在同一块农田内玉米种植子系统和鹅养殖子系统之间的有机结合,这种有机结合使得整个农田系统具有良好的物质循环特性和能值反馈特性，如从土壤培肥角度来说，鹅粪粪便中含有的大量有机质（Nardi *et al.*，2005）可改善土壤肥力（Ulgiati *et al.*，1994），提高了系统可持续生产能力。钟珍梅等（2012）研究表明：“生猪养殖-沼气工程-有机肥生产-种植业”生态系统，其可持续发展指数高，环境负载率低；Bastinanoni 等（2001）研究也表明：生态农业循环系统内部养殖子系统为作物种植子系统提供有机肥料，虽然导致系统环境承载率降低，但净能值产出率高。以上研究说明系统内部的能值反馈有利于提高整个系统的能值效益。

对照杂草管理方式与玉米田养鹅处理不同。对照利用化学除草剂来控制杂草，虽然杂草防除效果好，生产效率高，但除草剂作为不可更新投入不仅增加了环境负载，而且还降低了农产品的安全性，导致对照 EIPS 值低于玉米田养鹅处理；而玉米田养鹅处理由于利用鹅对杂草的采食进行杂草管理，一方面减少了鹅饲养过程的物质投入，另一方面鹅在田间所排放的粪肥可以作为反馈能量供给作物和杂草生长，因此“玉米田养鹅”系统物质循环和能流效率较高。

6.4 结　论

与对照相比，玉米田养鹅处理的可更新资源投入大，系统反馈能值多，其环境负载较低，可持续能力强，能值反馈效率高，但由于其经济系统的依赖较大，系统的生产效率以及自组织能力较低。

7 “玉米田养鹅”生产模式碳平衡关键过程研究

7.1 研究方法

7.1.1 实验设计

试验于 2014 年在八一镇章麦村内进行。试验地过去耕作方式为油菜-冬小麦-春青稞轮作,2014 年 4 月 28 日进行玉米播种,玉米品种为“酒单 4 号”,播种时玉米株行间间隔为 60 cm,覆膜,同时施复合肥作为底肥(用量:240 kg/hm^2;组成:N 33%;P_2O_5 17%;K_2O 17%;有机质 20%)。玉米农田内设置两个处理和对照:玉米田养鹅(Rising geese in corn field, RGICF)、常规玉米种植(Conventional corn planting, CCP)以及对照(CK)各处理重复 3 次,每次重复的小区面积为 100 m^2,玉米田养鹅处理的农田一直不除草,小区四周用 0.5 m 高尼龙网围封,于 8 月 7 日放入雏鹅,共 10 只,在 3 个小区内轮流放牧,间隔 3 d,为防止天敌的捕杀,鹅夜间收回并额外投放自制混合饲料(100 g/只,主要成分为:碎玉米粒 70%,麸皮 20%,豆粕 5%,鱼粉 5%)。常规玉米种植使用除草剂“玉雕”(成分:莠去津 90%;硝磺草酮 10%;滨农科技有限公司,滨州市,山东省)来进行杂草管理,施用量为 2.55 kg/hm^2(溶于 120 L 水),利用背式喷雾器(容积:16 L;工作压力:0.4 MPa;喷施速率:1.4 L/min)进行喷施,喷头处罩上自制罩头避免除草剂飘散,于播种后 30 d 施用。对照一直不除草,其他处理方式均相同。常规玉米种植和对照均未进行鹅的放牧。

7.1.2 样品采集与处理方法

各处理农田于玉米拔节、吐丝、灌浆和成熟期进行玉米样品的采集,各样方随机选择生长势一致的玉米植株 3 株，各处理共 9 株，采集玉米全株包括地上和地下部分，用手剔除根部土块并用流水冲刷后立即带回实验室，105℃杀青 20 min，80℃恒温烘干至恒重。随后将玉米各部位分离(包括：根、茎、叶、雄穗、丝、苞叶、籽粒以及穗轴)后称重，粉碎，过 0.4 mm 筛，待测玉米植株各部位碳含量。

杂草样品的采集仅于玉米吐丝、灌浆和成熟期进行，由于杂草群落建成初期易受外界干扰影响后期群落结构以及常规处理于 6 月进行除草剂喷施杂草群落波动较大，因此玉米拔节期未进行杂草样品采集。利用随机样点法采样，每个样点取样面积 1 m×1 m，每个样方重复 3 次，每种处理共 9 个样点，记录样点内杂草种类、株数、高度和盖度并将杂草齐地剪下，带回实验室，105℃杀青 20 min，80℃恒温烘干至恒重。随后称量 1 m^2 内杂草群落地上生物量，粉碎，过 0.4 mm 筛，待测杂草群落碳含量。杂草地上枯落物仅在 10 月进行收集，方法与杂草样品采集一致。

杂草根系生物量和含碳量的测定于后期进行，在 0～10、10～20、20～30 cm 土层各取 20 cm × 20 cm × 10 cm 体积大小的土体进行土壤内根系生物量的调查(0.1 mm 网筛法，土壤过 0.1 mm 的筛并用镊子取出根系，于 105℃杀青，80℃烘干至恒重，称量)，每个处理 3 次重复。

土壤容重样品采集方法：各处理农田于耕作前、玉米吐丝期(放牧前)、灌浆期(放牧中)和成熟期(放牧后)进行土壤样品的采集。利用“S”形采样法进行采样，每个小区内布 5 个点，每个点利用直径为 5 cm 的取土器采三个土层的土样(0～10、10～20、20～30 cm)，每个处理三个小区。

生长季土壤碳排放的数据于耕作播种后采集，即 5 月 1 日，每个小区随机选择一点砸下 50 cm × 50 cm 的金属框深度为 10 cm，土壤碳排放的数据采集从 5 月 1 日开始到 10 月 15 日，每个月 1 日和 15 日进行。

各处理的玉米籽粒和化肥于播种前收集，磨碎，过 0.4 mm 筛，测定前于 80℃烘箱恒温干燥 24 h(复合肥未进行烘烤)，待测 C 含量；玉米植株于 2013 年 10 月采集，每个小区采集 5 株标准株，采回立即放入 105℃烘箱，杀青 20 min，随后于80℃烘箱烘干至恒重，植株粉碎，过 0.4 mm 筛，待测 C 含量；收获玉米籽粒烘干恒重后与播种籽粒处理方式相同。

8 月 7 日养鹅开始即收集鹅粪，每小区设置 5 个 50 cm × 50 cm 的固定小样方，每日放牧后收集样方内鹅粪，带回称重，风干后再次称重，磨碎，过 0.15 mm 筛，待测 C 含量。鹅粪主要是由鹅田间放牧时采食杂草、作物底部叶片以及其他田间食源所转化的，夜间投入饲料所转化的粪便未施入田间。地表鹅粪的损失通过网袋法进行计算，具体方法是：小区在放牧 3 d 后将 3 d 中小区内收集的鹅粪充分混匀(留样测定含水率)，称重，均分 3 份，置于事先准备好的尼龙网袋(规格为

1.5 mm× 1.5 mm，鹅粪透过率为 100%）中，将网袋随机固定在所取鹅粪的小区中，网袋于来年耕作前取出，风干后称重，计算鹅粪损失。

7.1.3 样品测定方法

利用重铬酸钾（$K_2Cr_2O_7$）外加热法测定玉米植株以及杂草的含碳量，具体方案如下：称取玉米或杂草样品（经烘干粉碎并过 0.4 mm 筛）0.02 g，置于 100 mL 消煮管内，同时分别加入 5 mL 浓 H_2SO_4 和 5 mL $K_2Cr_2O_7$ 静止并加上弯颈小漏斗，放入温度为 190℃左右的远红外消煮炉中，调节温度在 180～190℃，待消煮管内液体微沸后准确消煮 5 min，取下消煮管，冷却。将消煮液转移至 150 mL 的锥形瓶中，并用蒸馏水润洗，总转入体积 60～70 mL，加入 1～3 滴邻菲罗啉（1,10-邻二氮杂菲，$C_{12}H_8N_2$）指示剂后用 0.2 mol/L 硫酸亚铁（Fe_2SO_4）准确滴定至溶液呈现砖红色，记录所用 Fe_2SO_4 溶液体积。每次消煮时均加入 3 次空白试验，空白样品用等量二氧化硅（SiO_2）代替。

易氧化有机碳的测定于耕作前、玉米吐丝期（放牧前）、灌浆期（放牧中）和成熟期（放牧后）进行土壤样品的采集。利用“S”形采样法进行采样，每个小区内布 5 个点，每个点利用直径为 5 cm 的取土器采三个土层的土样（0～10、10～20、20～30 cm），每个处理三个小区。土壤带回实验室，自然风干。各处理风干土样经研磨后过 0.149 mm 的土壤筛，待测。不同氧化等级的土壤易氧化有机碳通过不同浓度高锰酸钾（即 333、167 和 33 mmol/L）氧化比色法进行测定。取 2.000 g 风干过筛后的土壤（约含碳 15 mg）置于 50 mL 干燥洁净的塑料离心管中，加入 25 mL 的 $KMnO_4$ 溶液，加盖后置于往复震荡机上震荡 1 h，取下离心管置于 2 500 r/min 的离心机上离心 5 min，过滤，取滤液 1 mL 置于 250 mL 的容量瓶内用蒸馏水准确定容至 250 mL 摇匀，在 565 nm 波长，以空白比色皿作为参比，测定样品吸光度（755B 紫外可见分光光度计，上海菁华科技有限公司，上海），在每次震荡测定时同时测定 3 组无土空白，通过消耗的 $KMnO_4$ 来换算易氧化有机碳的含量。

土壤呼吸测定用气体静态箱—气相色谱法。测定 CO_2、CH_4 的排量，每个小区安置一个静态箱（每种处理 3 个小区），置于小区中心位置以避免边界效应干扰，每次测定前在底框内测定土壤温度（深度为 5 cm 的地温计）和湿度（土壤湿度仪）。静态箱大小 50 cm × 50 cm × 50 cm。气体收集时间为上午 9:00～11:00，分别于罩箱后 0、10、20、30 min 用注射器抽取 100 mL 气体于预先抽真空的气袋中待测气体浓度。CO_2、CH_4 气体浓度通过 Agilent7890A 气相色谱测定，ECD 检测器，温度 350℃，柱温 55℃。根据箱内气体浓度的变化率计算排放通量。

7.1.4 计算方法

1. 初级净生产力计算

玉米和杂草的净初级生产力(net primary productivity, NPP)采用收获法测定进行计算,计算公式如下:

$$NPP = B_1 - B_2 \tag{7-1}$$

式中,B_1 和 B_2 分别为不同生育期玉米的生物量。

同时利用 Logistic “S”增长模型对不同处理的生育期内玉米的干物质累积进行拟合,拟合公式如下:

$$W_t = W_0/[1 + \mathrm{EXP}(a - bt)] \tag{7-2}$$

式中,W_t 为某生育期内玉米的生物量,W_0 为玉米植株理论最大生物量,a、b 为常数,t 为时间。

2. 玉米和杂草固碳量计算

先测得各时期玉米和杂草的平均含碳量,并通过下式计算各时期玉米和杂草的固碳量:

$$固碳量 = NNP \times 平均含碳量 \tag{7-3}$$

土壤容重(分三层:0~10、10~20、2~30 cm)用环刀法测定,计算公式为:

$$\rho = \frac{m_1 - m_2}{V(1 + H)} \tag{7-4}$$

式中,ρ 为土壤容重,m_1 为环刀+湿土重,m_2 为环刀重,V 为环刀容积,H 为环刀内土壤含水率。

土壤的农田其农田土壤有机碳密度计算公式如下(杨合龙等,2015):

$$T_0 = (1 - a_j\%)b_j c_j d_j 10^{-2} \tag{7-5}$$

式中,T_0 为某层土壤碳密度(kg/m^2),α_j 为 j 层土壤中砾石所占的体积(%),b_j 为 j 层土壤的容重(g/m^3),c_j 为 j 层土壤的有机碳含量(g/kg),d_j 为 j 层土壤的厚度(cm)。

3. 土壤有机碳储量

土壤有机碳储量计算公式如下(杜满义等, 2010):

$$M = \sum_{i}^{n} T_i \tag{7-6}$$

式中，n 为土层数量，T_i 为 i 土层的土壤有机碳密度。

土壤碳排放的计算公式为：

$$F = \frac{M}{V_0}\frac{P}{P_0}\frac{T_0}{T}H\frac{d_c}{d_t} \tag{7-7}$$

式中，M 为测定目标化合物（CO_2 或 CH_4）的摩尔质量；V_0 为目标化合物在标准状态下的摩尔体积，即 22.41 L/mol；P_0 和 T_0 为理想气体标准状态下的空气压力和气温（分别为 1 013.25 hPa 和 273.15 K）；H 为静态箱内气室高度，P 和 T 为采样时箱内的实际气压和气温，$\frac{d_c}{d_t}$为箱内目标气体浓度随时间变化的回归曲线斜率。

易氧化有机碳计算公式如下：

$$C = \frac{(C_1 - C_2)}{m} \times t \times v \times a \tag{7-8}$$

式中，C 为易氧化有机碳含量（g/kg），C_1 为空白试样的 $KMnO_4$ 浓度（mmol/L），C_2 为测定土壤试样的 $KMnO_4$ 浓度（mmol/L），m 为土壤样品的质量（g），t 为分取倍数，v 为显色溶液体积（mL），a 为消耗常数 9 mg/mmol（即 1 mmol $KMnO_4$ 消耗 9 mg 碳）。

不同氧化等级的易氧化有机碳可分为三个等级（吴家梅等，2013），即：

一级易氧化有机碳：被 33 mmol/L $KMnO_4$ 所氧化的土壤易氧化有机碳部分；

二级易氧化有机碳：被 167 mmol/L $KMnO_4$ 所氧化的土壤易氧化有机碳减去一级易氧化有机碳后的剩余部分；

三级易氧化有机碳：被 333 mmol/L $KMnO_4$ 所氧化的土壤易氧化有机碳减去一、二级易氧化有机碳后的剩余部分。

利用多元回归模型对 CO_2、CH_4 排放与温度进行拟合，公式如下：

$$y = ax^2 + bx + c \tag{7-9}$$

同时利用 Van't Hoff 模型对 CO_2 排放与温度进行拟合，公式如下（Lu S *et al.*，2012）：

$$R_S = Ae^{BT} \tag{7-10}$$

式中，Rs 为土壤呼吸，A，B 为拟合常数，T 为土壤温度。

Q_{10}的计算通过式（7-11）（Lu S *et al.*，2012）：

$$Q_{10} = e^{10B} \tag{7-11}$$

式中，Q_{10}为气温每增加10℃土壤呼吸的增量，常用于描述土壤呼吸对温度的敏感程度(Lu S *et al.*，2012)。

7.1.5 碳收支计算方法

玉米田养鹅、对照以及常规生产方式中C的投入主要包括了化肥(复合肥中含有20%的有机质)和种子，其中玉米田养鹅生产方式中还增加了有机粪肥的投入，所产生的圈肥集中堆肥并于来年耕作时施入玉米田养鹅处理的样方中，而这部分的粪肥并未参与当年的系统碳循环过程，本研究仅将鹅采食田间杂草所转化的粪肥计入玉米田养鹅处理碳循环过程。

在农业生产中碳的产出包括以下几个方面：

(1)土壤碳排放　生长季的土壤碳排放数据采集方法参见第四章，由于非生长季(2014年11月至2015年3月)气温较低，土壤碳排放水平较低，因此非生长季碳排放的监测仅于每月中旬进行，采集方法与生长季的土壤碳排放数据采集方法相同。

(2)农业投入碳排放　农业投入碳排放是指投放到生产中的农业物资在生产、加工以及运输时所造成的直接碳排放或间接碳排放。

(3)干物质产出　在收获期作物所产出的秸秆和籽粒未参与农田系统碳循环的部分，其中各处理地上秸秆均作为牲畜饲草产出，但根茬仍遗留在耕地中参与系统碳循环。

农业投入碳排放(agricultural input carbon emission)如化肥、种子、除草剂和农膜等在生产过程中的间接碳排放计算通过下式(张恒恒等，2015)：

$$AICE_{\text{indirect}} = \sum_{i=1}^{M} (SF)_i \tag{7-12}$$

式中，M为投入物资的种类，S为投入量，F为碳排放系数。

系统碳平衡通过系统碳投入和产出的差值进行计算(李海玲，2010)：

$$\Delta C = I - O = (C_I + A_I + P_I + G_I) - (C_O + A_O + G_O + S_O) \tag{7-13}$$

式中，I为系统碳投入，O为系统碳产出；C_I为作物碳截获量，A_I为农业碳投入量，P_I为杂草及其凋落物碳投入量，G_I养鹅碳投入量；C_O为作物收获碳损失，A_O农业投入碳排放，G_O为养鹅碳排放，S_O为土壤碳排放。

7.1.6 数据处理与分析方法

所用数据在进行统计分析前，采用对数转换(Log-transformed)或log(x+1)

转换。转换后的数据分别利用 Kolmogorov-Smirnov test 和 Levene's test 进行正态分布(normality)和方差齐性(omogeneity of variance)检验,满足方差齐性和正态分布的数据进行单因素方差分析(One-way),并利用 Tukey HSD 检验进行事后多重比较处理间的差异(在 5%的水平上差异显著),不满足方差齐性和正态分布的数据进行 Kruskal-Wallis 非参数检验。文中在图表中所呈现的是未转换的数据。所有数据分析均在软件 SPSS 21 中进行,所有图的绘制均在 Origin 9.0 中进行。

7.2 "玉米田养鹅"生产模式下物质积累、分配以及系统碳同化特征

作物通过光合作用所产生的光合碳是陆地和大气间碳循环的驱动力,也是土壤有机碳的重要来源(Dannenberg *et al.* , 1999)。农田植被(arable plant)是固定大气 CO_2 的重要途径,其每年的同化碳量基本为全球固定碳量(0.53 pg C)的 47%(王修兰, 1996)。在农田中,植被是由作物和杂草组成。杂草是农田系统主要的生产者之一,由于其与作物在环境资源上的竞争关系,其往往被定义为是无用或有害的。杂草的化学防控是当前传统农业主要的防控方式,其除草剂生产的碳成本大约为 16.5 kg/t CO_2(Marina *et al.* , 2007)。有机生产是当下备受追捧的一种生产方式,但其除草碳成本是传统生产的 2 倍。

净初级生产力(net primary productivity)是衡量作物固碳能力的重要指标(杨兆芳, 2004)。提高农田植被净初级生产力可增加农田系统碳截获,当前的主要途径有提高复种指数(如:间作、套作以及密植)和基因改良(Cong W *et al.* , 2014)。但这些方式均以提高作物群体的生产力为宗旨,而忽略了杂草群落的固碳潜力,甚至花费额外的经济和碳成本来抑制其生长。因此,在当前全球变暖的大背景下,探索一种在保证作物产量的同时能通过杂草群落增加系统固碳量和经济产出的生产方式是解决当前农田除草-固碳矛盾的重要方式。

"农牧一体化"(agro-pastoral Integration, API)理论于 2011 年被提出(关法春等, 2011),其是指在同一块土地上,在收获作物籽粒、块茎等植物经济产量的同时,利用同一空间内的植物茎叶(包括杂草等)、动物昆虫等资源,进行畜禽等动物产品生产的一种复合型的生产方式,杂草在系统中作为畜禽饲料来源而被充分利用。"玉米田养鹅"(raising geese in corn field, RGICF) 是基于"农牧一体化"理论之上的一种新型生产方式,其通过鹅对田间杂草的采食来进行田间杂草管理,降低

除草成本，并获得更高的经济效益和生态效益。为明确养鹅措施对玉米和杂草干物质积累和碳同化能力以及系统固碳量的影响，本研究设置了“玉米田养鹅”(RGICF)、常规玉米种植(化学防控)(conventional corn planting, CCP)以及对照(无杂草管理)(CK)3 种生产方式，对比分析各处理下各生育时期(包括拔节、吐丝、灌浆和成熟期)玉米和杂草干物质碳积累和分配以及碳同化特点，以期明确“玉米田养鹅”生产模式下对系统碳同化量的影响，这将为完善“农牧一体化”理论研究及其技术模式提供重要的理论依据。

7.2.1 结果与分析

1. 各处理下不同生育期玉米干物质累积和分配比例

(1)地上部分营养和繁殖器官干物质积累和分配比例　玉米地上部位营养器官如茎、叶是玉米光合作用的主要部位，该部分的生长发育以及干物质积累直接影响着后期玉米产量构成，从图 7-1 可以看出，各处理间玉米茎、叶分配比例在玉米拔节 ($P=0.229$)、吐丝 ($P=0.589$)、灌浆 ($P=0.903$) 和成熟 ($P=0.389$) 时期均无显著差异。从物质积累来看，拔节期各处理茎叶干物质量无显著差异，在吐丝期常规处理茎的干物质量高出对照 16.17% ($P=0.014$)，在灌浆期常规处理茎和叶的干物质量分别高出对照 14.53% ($P=0.017$) 和 18.36% ($P<0.001$)，在成熟期常规处理的营养器官干物质总重分别是玉米田养鹅处理和对照的 1.12 和 1.16 倍 ($P=0.287$)，其中茎的干物质累积显著高出玉米田养鹅处理 15.71% ($P=0.003$)，叶的干物质量高出对照 11.77% ($P=0.001$)。这可能是杂草对资源的消耗使玉米生长受到影响进而玉米植物生物量较小。

玉米繁殖器官主要包括了雄穗、苞叶、丝、籽粒和芯，繁殖器官的物质积累影响着玉米产量和产品品质。从图 7-2 可以看出，在吐丝期，玉米雄穗($P=0.778$)和苞叶($P=0.790$)的质量在各处理间均无显著差异；在灌浆期，常规处理的苞叶质量高出对照 25.29% ($P=0.035$)，同时，其籽粒的干物质量分别是玉米田养鹅处理和对照的 1.30 和 1.67 倍 ($P<0.001$)。在成熟期，常规处理的籽粒质量是对照的 1.27 倍($P=0.001$)。

(2)各处理下不同生育期玉米地下部位干物质累积和根冠比　玉米根的生长直接影响着玉米获取养分和水分的能力，从表 7-1 可以看出，各处理根和根冠比在拔节期($P=0.988$; $P=0.913$)和吐丝期($P=0.269$; $P=0.804$)均无显著差异，但在灌浆期，常规处理玉米根质量分别高出玉米田养鹅处理和对照 11.39% 和

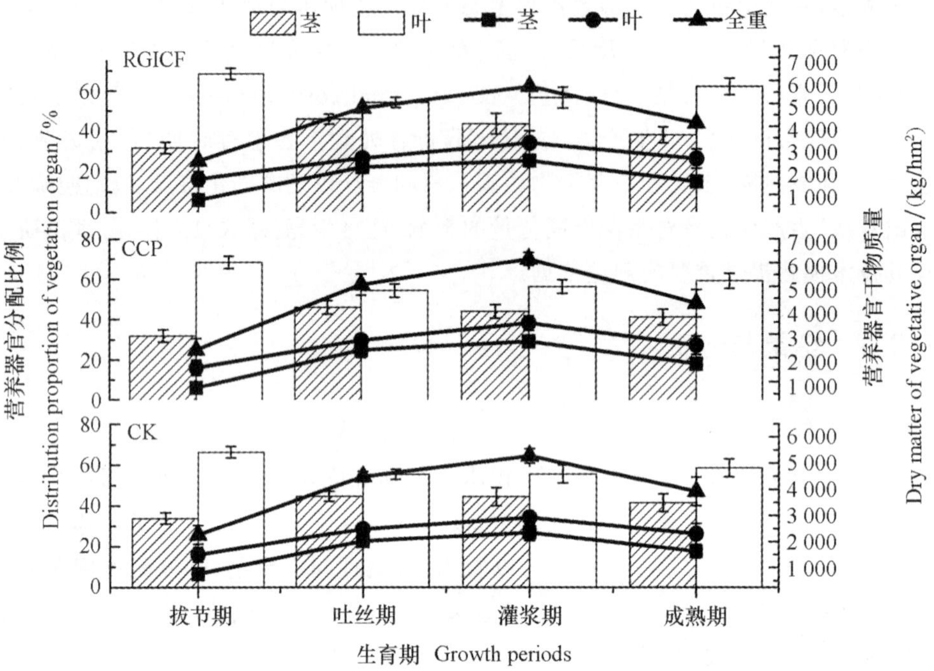

图 7-1　地上部分营养器官干物质积累和分配比例

图中，RGICF、CCP 和 CK 分别代表了玉米田养鹅、常规玉米种植和对照，下同

Fig. 7-1　Dry matter accumulation and distribution proportion within vegetative organs

RGICF, CCP and CK represent raising geese in cornfield, conventional corn planting and control in the above figure, the same as below

29.57%（P=0.001），同样，在成熟期常规处理玉米根质量高出对照 46.21%（P=0.006）。

（3）各处理下玉米植株净初级生产力　对比分析各处理不同时期玉米净初级生产力发现（图 7-3），在拔节期各处理玉米净初级生产力（NPP）间并无显著差异（P=0.929）；在吐丝期，常规处理玉米 NPP 高出对照 11.08%（P=0.001）；在灌浆期，常规处理玉米 NPP 分别高出玉米田养鹅处理和对照 9.95%和 23.43%（P<0.001）；在成熟期常规处理玉米 NPP 高出对照 9.78%（P<0.001），但与玉米田养鹅处理间并无显著差异（P=0.077）。杂草与玉米植株的拮抗作用导致对照中玉米净初级生产力显著低于常规种植。

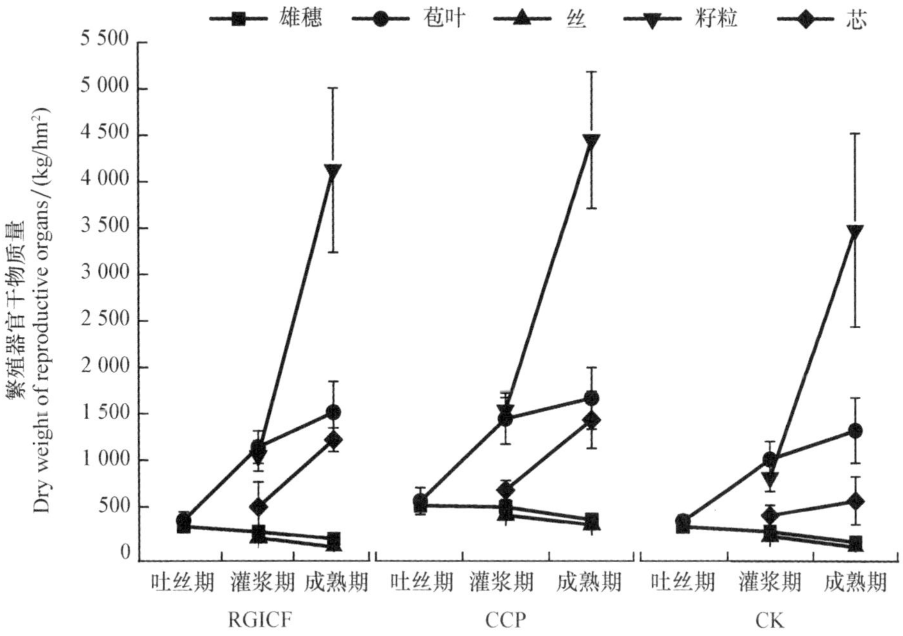

图 7-2 地上部分营养器官干物质积累和分配比例

Fig. 7-2 Dry matter accumulation of reproductive organs relative to treatments

表 7-1 不同处理各生育期玉米地下部位干物质累积和根冠比

Tab. 7-1 Dry matter accumulation of corn under-ground part during each growth periods relative to treatments

项目 Item		拔节期 Jointing stage	吐丝期 Tasseling stage	灌浆期 Postulation stage	成熟期 Maturation stage
根重 Root weight (kg/hm^2)	玉米田养鹅 RGICF	342.07±101.48a	826.89±83.12a	1 335.79±173.44a	1 433.04±312.42ab
	常规玉米种植 CCP	340.95±67.23a	852.55±94.49a	1 487.87±124.94b	1 795.25±431.09a
	对照 CK	337.45±63.88a	784.89±79.49a	1 148.28±167.72a	1 342.74±334.43b

续表 7-1

项目 Item		拔节期 Jointing stage	吐丝期 Tasseling stage	灌浆期 Postulation stage	成熟期 Maturation stage
根冠比 Root-canopy ratio	玉米田养鹅 RGICF	0.15±0.04a	0.14±0.01a	0.15±0.01a	0.13±0.03a
	常规玉米种植 CCP	0.15±0.01a	0.15±0.02a	0.16±0.02a	0.15±0.08a
	对照 CK	0.15±0.01a	0.15±0.01a	0.14±0.02a	0.14±0.02a

注：RGICF 表示玉米田养鹅处理，CK 表示对照，CCP 表示常规玉米种植；不同字母表示在 0.05 水平上差异显著，下同。

Note: RGICF stands for the treatment of raising geese in corn field, CK for control, CCP represents conventional corn planting; Different letters indicate a difference at the 0.05 significance level, the same below.

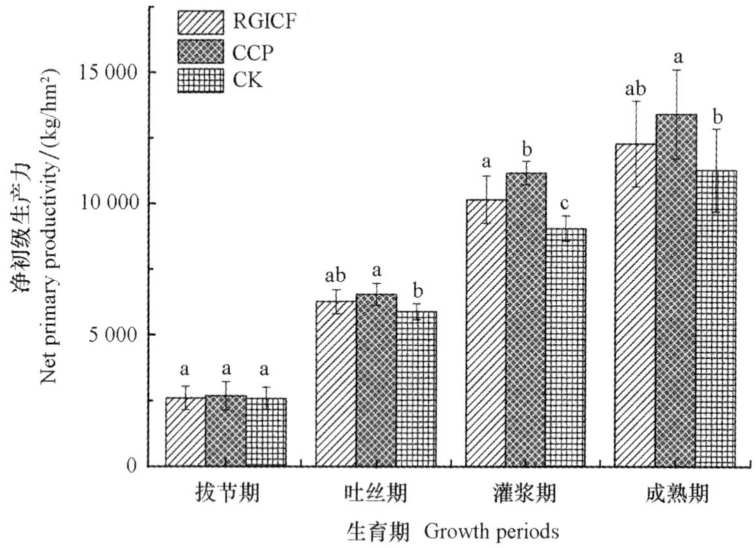

图 7-3 各处理中玉米各生育期的净初级生产力

Fig. 7-3 Net primary productivity of each growth periods of corn relative to treatments

运用 Logistic“S”增长模型拟合各处理生育期内物质累积方程，从表 7-2 可看出，各处理拟合方差 R^2 值在 0.920 以上，拟合结果较好，各处理玉米干物质累积基本符合 Logistic“S”增长，同时对比不同生育期玉米生物量发现，玉米田养鹅处理（$P<0.001$）、常规处理（$P<0.001$）和对照（$P<0.001$）各生育期的玉米生物量差异显著。

表 7-2 不同处理玉米干物质累积方程

Tab. 7-2 Dry matter accumulation equation of corn relative to treatments

处理 Process mode	干物质累积方程 Dry matter accumulation equation	R^2
玉米田养鹅 RGICF	$y=13\,336.319/[1+EXP(-0.043t+3.989)]$	0.923
常规玉米种植 CCP	$y=14\,537.269/[1+EXP(-0.045t+4.199)]$	0.939
对照 CK	$y=12\,610.746/[1+EXP(-0.038t+3.603)]$	0.920

2. 各处理不同生育期玉米碳含量和碳同化量

不同处理下各器官碳含量随玉米的生长发育其变化较小，但各器官碳同化量不同，各处理中玉米茎叶器官碳同化量在拔节到灌浆期均增加但在成熟期下降，根系、苞叶、籽粒和穗轴碳同化量在各生育期均增加，雄穗和丝呈现相反趋势（表 7-3）。在拔节期各处理间玉米茎（$P=0.994$）、叶（$P=0.784$）和根（$P=0.956$）的含碳量无明显差异；在吐丝期各处理间玉米茎（$P=0.949$）、叶（$P=0.188$）、雄穗（$P=0.669$）、苞叶（$P=0.245$）和根（$P=0.948$）的含碳量均无显著差异；同样在灌浆和成熟期各处理间玉米茎（$P=0.060$；$P=0.691$）、叶（$P=0.101$；$P=0.094$）、雄穗（$P=0.564$；$P=0.405$）、苞叶（$P=0.257$；$P=0.622$）、籽粒（$P=0.791$；$P=0.459$）、穗轴（$P=0.141$；$P=0.824$）、丝（$P=0.934$；$P=0.524$）和根（$P=0.933$；$P=0.672$）的含碳量也均无显著差异。

对比不同处理下玉米各部位间碳同化量发现（表 7-3），各处理在拔节期玉米各部位碳同化量并未显著差异；在吐丝期，常规处理叶碳同化量高出对照的 15.53%（$P=0.009$），但各处理玉米其他部位碳同化量并无显著差异；在灌浆期，常规处理茎、苞叶和根的碳同化量分别高出对照 20.50%（$P=0.004$）、32.16%（$P=0.024$）和 32.92%（$P=0.008$），其籽粒的碳同化量分别高出玉米田养鹅处理和对照 26.68%和 64.45%（$P<0.001$）；在成熟期，常规处理茎的碳同化量高出玉米田养鹅处理 19.14%（$P=0.017$），其籽粒和根的碳同化量分别高出对照 29.30%（$P<0.001$）和 41.62%（$P=0.012$）。

表 7-3　不同处理玉米各部位碳含量和碳同化量

Tab. 7-3　Carbon concentration and assimilation of each parts of corn relative to treatments

处理 Treatment		碳含量 Carbon content/(g/kg)			碳同化量 Carbon assimilation amount/(t/hm^2)		
		RGICF	CCP	CK	RGICF	CCP	CK
拔节期	茎 Straw	412.63±41.39	411.47±25.60a	415.07±48.05a	0.29±0.08a	0.31±0.08a	0.32±0.07a
	叶 Leaf	417.84±25.62a	411.29±25.98a	409.23±32.60a	0.65±0.16a	0.65±0.11a	0.61±0.13a
	根 Root	307.30±47.29a	315.71±56.92a	314.61±58.24a	0.11±0.04a	0.11±0.03a	0.11±0.03a
吐丝期	茎 Straw	430.60±26.61a	431.00±24.78a	433.88±22.70a	0.95±0.13	1.01±0.15	0.87±0.07a
	叶 Leaf	393.33±23.64a	419.67±19.96a	402.05±43.29a	1.02±0.11a	1.15±0.12a	1.00±0.10a
	雄穗 Tassel	416.81±31.80a	440.79±45.34a	412.90±21.15a	0.13±0.01ab	0.13±0.01a	0.12±0.01b
	苞叶 Bract	416.40±54.46a	431.88±27.92a	420.15±43.95a	0.15±0.04a	0.15±0.07a	0.15±0.04a
	根 Root	317.35±49.35a	320.69±48.99a	314.57±63.02a	0.26±0.05a	0.28±0.06a	0.25±0.07a
灌浆期	茎 Straw	430.11±21.80a	448.39±17.10a	427.04±16.60a	1.07±0.07a	1.21±0.12a	1.00±0.13a
	叶 Leaf	389.46±12.91a	401.04±28.89a	421.75±41.37a	1.27±0.21a	1.39±0.20a	1.23±0.11a
	雄穗 Tassel	433.33±22.14a	420.71±31.83a	429.03±23.24a	0.10±0.03a	0.11±0.02a	0.10±0.02a
	苞叶 Bract	407.33±39.41a	432.23±32.95a	414.14±25.50a	0.47±0.09a	0.55±0.16a	0.42±0.08a
	籽粒 Grain	424.10±13.29a	413.22±60.89a	420.45±39.10a	0.44±0.07a	0.56±0.10a	0.34±0.07a
	穗轴 Spike-stalk	419.00±18.96a	420.47±21.43a	401.72±24.71a	0.21±0.08a	0.19±0.05a	0.16±0.05a
	丝 Silk	396.88±21.44a	402.85±36.79a	403.40±39.68a	0.07±0.01a	0.07±0.02a	0.07±0.02a
	根 Root	340.52±55.95a	340.38±54.92a	332.58±59.44a	0.46±0.12a	0.51±0.10a	0.38±0.09a
成熟期	茎 Straw	404.70±37.56a	397.23±46.57a	407.49±27.94a	0.58±0.11a	0.69±0.12a	0.66±0.11a
	叶 Leaf	385.95±26.39a	366.30±16.76a	370.28±30.87a	0.90±0.14a	0.93±0.16a	0.85±0.17a
	雄穗 Tassel	399.46±29.27a	391.04±33.52a	403.44±17.28a	0.06±0.02a	0.05±0.01a	0.05±0.01a
	苞叶 Bract	432.55±18.11a	426.72±19.67a	430.97±15.01a	0.66±0.15a	0.64±0.16a	0.57±0.15a
	籽粒 Grain	443.47±29.41a	437.40±25.40a	431.43±22.34a	1.82±0.37a	1.94±0.35a	1.50±0.24a
	穗轴 Spike-stalk	423.01±18.91a	420.30±23.87a	418.13±24.80a	0.51±0.09a	0.53±0.14a	0.44±0.12a
	丝 Silk	417.65±33.18a	422.21±17.67a	412.03±24.43a	0.03±0.01a	0.03±0.01a	0.03±0.01a
	根 Root	352.94±52.77a	356.23±52.95a	340.09±39.95a	0.51±0.15a	0.65±0.21a	0.46±0.12a

利用 Logistic“S”增长模型拟合各处理生育期内玉米碳同化方程，图 7-4 表明，各处理拟合方差 R^2 值在 0.900 以上，拟合结果较好。在拔节（$P=0.943$）和成熟期（$P=0.182$），各处理的碳同化量并无显著差异，但在吐丝期，常规处理的碳同化量高出对照 13.77%（$P=0.005$）；在灌浆期，常规处理的碳同化量分别高出玉米田养鹅处理和对照 12.76%和 24.19%（$P<0.001$）。

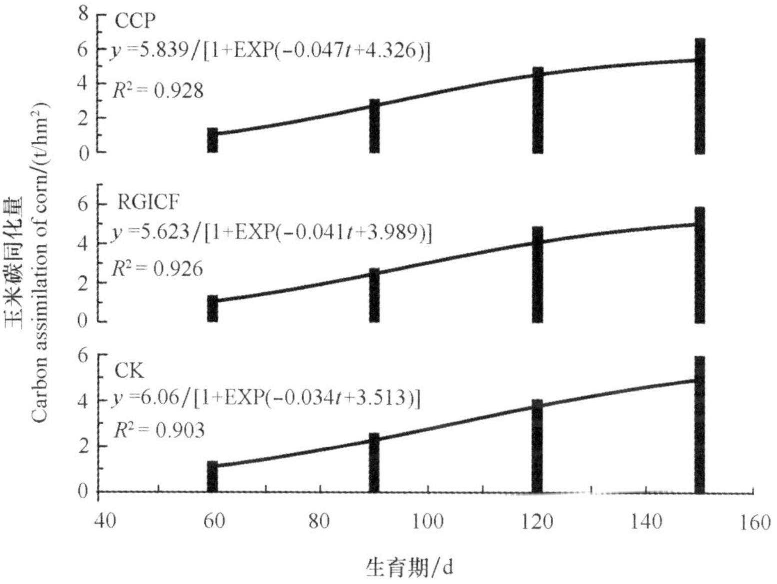

图 7-4　各处理中玉米碳同化量

Fig. 7-4　Carbon assimilation of corn relative to treatments

3. 各处理不同生育期杂草碳同化量变化

从表 7-4 可看出，常规处理杂草生物量在拔节期（$P<0.001$）和吐丝期（$P<0.001$）均显著低于玉米田养鹅处理和对照；在吐丝期后，玉米田养鹅处理进行放牧，杂草生物量减少，其低于常规处理 73.73%但高于对照 412.17%（$P<0.001$）；在成熟期，对照的杂草生物量分别是玉米田养鹅处理和对照 3.76 和 8.06 倍（$P<0.001$）。常规处理杂草碳含量在拔节期（$P<0.001$）和叶丝期（$P<0.001$）要显著低于玉米田养鹅和对照，但在灌浆和成熟期并无显著差异。同样，常规处理杂草固碳量在拔节（$P<0.001$）和吐丝期（$P<0.001$）显著低于玉米田养鹅和对照，在灌浆期玉米田养鹅处理杂草固碳量相比对照减少 73.32%但比常规处理高出 489.86%（$P<0.001$），在成熟期对照的杂草固碳量分别是玉米田养鹅和常规处理的 3.63

和 8.53 倍($P<0.001$)，但玉米田养鹅和常规处理间并无显著差异。

表 7-4　不同处理杂草生物量、碳含量和同化量

Tab. 7-4　Biomass, carbon concentration and assimilation of weed communities relative to treatments

	RGICF	CCP	CK	
拔节	生物量/(kg/hm²)	685.11±128.70a	3.16±2.24b	614.71±75.55a
	碳含量/(g/kg)	322.97±33.59a	200.60±65.58b	319.88±39.60a
	碳同化量/(kg/hm²)	220.60±42.93a	0.67±0.39a	196.30±32.54b
吐丝	生物量/(kg/hm²)	1 380.69±457.79a	13.12±10.19b	1 154.80±245.65a
	碳含量/(g/kg)	336.46±34.91a	235.42±41.99b	327.66±38.55a
	碳同化量/(kg/hm²)	459.12±137.24a	3.01±1.99a	383.20±110.32b
灌浆	生物量/(kg/hm²)	294.50±79.91a	57.50±29.66b	1 121.21±227.48c
	碳含量/(g/kg)	340.23±21.73a	304.79±46.67a	334.82±40.54a
	碳同化量/(kg/hm²)	100.75±29.48a	17.08±8.33b	377.68±94.57c
成熟	生物量/(kg/hm²)	90.45±85.61a	42.17±25.93a	339.74±140.11b
	碳含量/(g/kg)	352.69±66.05a	334.55±19.69a	362.95±23.14a
	碳同化量/(kg/hm²)	33.67±32.54a	9.18±7.08a	122.19±48.29b

4. 各处理不同生育期系统碳同化量

图 7-5 是玉米某生长季内系统碳同化速率和同化量的直观体现，在拔节期，各处理系统碳同化量间并无显著差异($P=0.459$)；在吐丝期，玉米田养鹅处理系统碳同化量要高出常规处理 4.08% ($P=0.003$)，这主要是玉米田养鹅处理在该时期并未除草，杂草群落所固定的碳大幅增加系统碳同化量，但随着作物的生长优势加大，在灌浆期，常规处理无杂草拮抗作用的影响，玉米碳同化能力较强，其系统碳同化量要高出对照 44.51% ($P=0.001$)；在成熟期，各处理系统碳同化量并无显著差异($P=0.604$)。

5. 各处理系统总碳同化量

系统总碳同化量体现的是各处理生长季内系统所同化的碳总量，在玉米田养鹅处理中，杂草残体为系统的重要碳来源。图 7-6 表明，总体上，常规处理系统碳同化量大，玉米田养鹅处理次之，对照最低，但各处理系统总碳同化量差异并不显著($P=0.301$)。

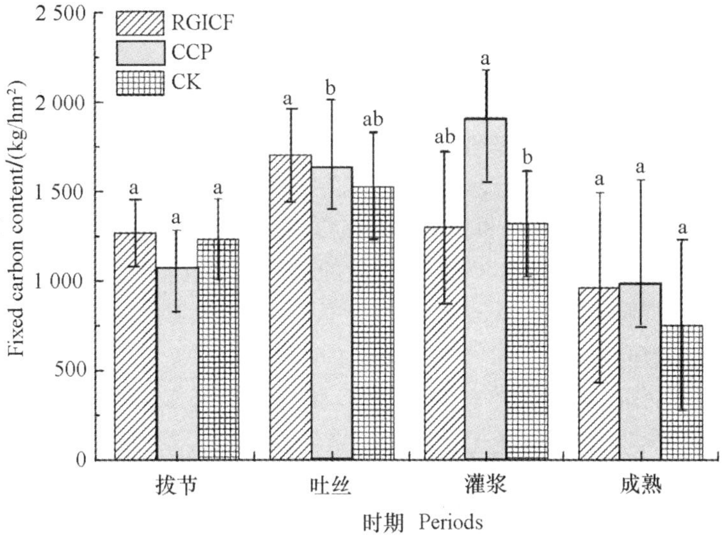

图 7-5 各处理不同生育期系统碳同化量

Fig. 7-5 Systematic carbon assimilation content relative to treatments in different corn growth periods

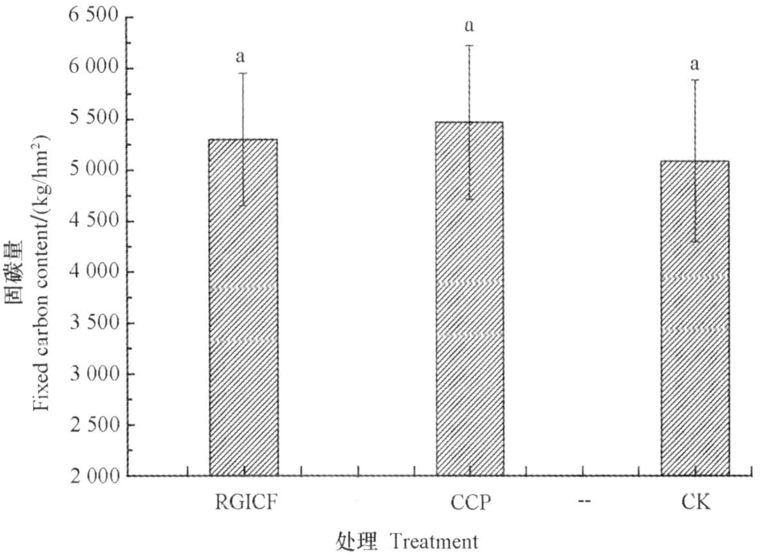

图 7-6 各处理系统总碳同化量

Fig. 7-6 Total systematic carbon assimilation content relative to treatments

7.2.2 讨论

1. 各处理对玉米植株生物量的影响

不同处理的玉米生物量累积过程基本符合“*S*”形增长模式(即慢-快-慢模式),这与前人研究一致(Hunt R, 1979;肖 强等, 2014;肖春华等, 2004)。在玉米营养生长阶段,干物质累积速率和积累量直接影响着后期作物的农艺性状、生物产量以及经济产量(张家铜等, 2009),而干物质的累积与环境容量有关,温、光、水和肥是主要的环境限制因子(Teixeira E I *et al.* , 2014;佟屏亚等, 1996)。在本研究中,玉米田养鹅处理和对照在营养生长阶段并未除草,对照杂草对环境资源的占有是其与作物拮抗作用的直观体现,而玉米田养鹅是拮抗作用与鹅采食的综合表现。但各处理在营养生长阶段玉米干物质积累量并无显著差异,这主要是播种时所施肥料基本满足了玉米营养生长阶段所需养分。但随着杂草对环境容量的持续消耗,从吐丝到成熟期对照玉米营养器官的干物质量显著低于常规处理。而玉米田养鹅处理在玉米吐丝期开始牧鹅,鹅对杂草地上营养器官的消耗降低了其对环境资源的占有能力,同时鹅在当季和上一季(2013 年)所留下的粪肥为玉米的生长提供了养分,因此玉米田养鹅在吐丝和灌浆期营养器官的干物质量与常规处理间并无显著差异,而成熟期营养器官较低的干物质量可能是物质在营养-生产器官的分配变化所造成的。有研究表明(Ciampitti I A *et al.* , 2011),吐丝后(post-silking)玉米根系对养分的吸收和转移是作物后期产量形成的关键。杂草对资源的竞争影响了对照玉米的生长,玉米营养器官和根系的生物量较低,作物光合作用和养分吸收的能力受限,作物生产时物质的同化、分配和转移受到影响,最终其籽粒的产出减少;在玉米田养鹅中,由于杂草所消耗的大量养分不能及时由反馈养分得以补偿,使其在灌浆期生产器官的干物质量较低,但在成熟期又与常规处理间无显著差异,这可能是外源有机养分(鹅粪)的加入所产生的土壤“激发效应”增加了养分的矿化,进而供给玉米生产所需(李紫燕等, 2008)。

2. 各处理下玉米植株碳固定

作物光合作用所产生的光合碳是农田系统碳循环重要环节,也是决定作物产量的关键因素(周广胜等, 2003)。作物的干物质累积直接影响着作物的固碳量,因此有研究通过干物质测定法估算区域性农田固碳量(林瑞余等, 2006)。在本研究中,由于杂草对玉米干物质积累的影响,对照叶同化碳量较低,而叶同化碳是的转移是籽粒碳的主要来源(李潮海等, 2000),因而在灌浆和成熟期对照的籽粒碳较低。同时,各处理玉米碳固定基本符合 Logistic 增长,与前人研究一致(展茗,

2009)。

3. 各处理下系统碳固定

杂草是农田系统重要的生产者，其通过光合作用所产生的光合碳在农田碳循环中同样不可忽视。有研究表明，玉米田养鹅生产方式能维持较高杂草丰富度和多样性(张宇阳等，2014)，而杂草的丰度与碳储量呈正相关关系(Dayamba S D *et al.*，2016)，因此玉米田养鹅处理在吐丝期系统碳同化量高出常规处理，在吐丝期后鹅对杂草的消耗降低了杂草的碳储量，但通过粪肥的形式回归土壤并潜在增加土壤碳储量，同时降低了杂草对作物的拮抗作用，增加了系统碳同化量；对照一直不除草，其杂草碳库始终维持较高水平，但由于杂草的拮抗作用降低了其在灌浆期的系统碳同化量；常规处理利用除草剂除草，有效抑制杂草生长，虽然降低了杂草碳库的储量，但其作物的固碳能力强，其系统碳同化量(尤其是在生产阶段)维持在较高水平。

7.2.3 小结

本章对各处理不同生育期玉米干物质累积和分配比例、玉米碳含量和碳同化量、杂草碳同化量以及各处理系统碳同化量进行研究，结果表明：玉米田养鹅处理对玉米干物质积累和碳同化能力无明显影响，杂草残体作为重要的同化碳来源，增加了系统碳同化总量；常规处理中除草剂降低了杂草的拮抗作用，其系统总干物质积累和碳同化量均较高；对照中杂草同化碳储量最大，但在生殖生长阶段由于杂草对资源的竞争使其玉米的干物质积累和碳同化量显著低于常规处理。总的来看，玉米田养鹅处理对杂草群落控制效果显著，鹅采食杂草后所转化的粪肥是间接的同化碳投入潜在增加系统碳同化量。

7.3 “玉米田养鹅”模式耕层土壤有机碳库季节消长规律

土壤碳库作为陆地生态系统三大碳库中容量最大的碳库，在全球碳循环过程中占据了至关重要的地位(Bellamy P H *et al.*，2005)。在全球变暖的大背景下，土壤碳库的活动如碳排放和碳固定是当前的研究热点(孙成权等，2002)。土壤利用方式的转变(如森林、草原转变为耕地)是引起土壤碳库碳储量减少的主要因素(李正才等，2000；Dalal R C *et al.*，2000)。但随着人类发展与资源短缺的矛盾进一步激化，农用土地的扩展在所难免。耕地土壤“增汇减排”是缓解土壤碳库损失的良好途径，当前的研究主要集中在耕作方式的转变（Mcconkey B G *et al.*，2003；赵鑫，2007）（如免耕、少耕等保护性耕作方式）、栽培方式（Cong W *et al.*，2014）（如套作、间作以及合理密植等）以及田间管理措施（Ekschmitt K *et al.*，2005；徐江兵等，2007）方面（如施肥等）。但少有研究针对农田系统本身的资源如田间杂草，其作为生产者一方面具有巨大的固碳潜力，另一方面可为更高营养级提供所需物质和能量（张宇阳等，2014）。

土壤的容重和含水率决定了土壤肥力供应、通气性能以及供水能力，进而影响着作物和田间植被的生长和生产（马俊永等，2010）。农业耕作对土壤的扰动降低了土壤容重改变或破坏了土壤物理结构（如团聚体、孔隙度、湿度以及温度等）（Martina Štursová *et al.*，2011），并将土壤深层有机物质连续暴露在空气中加速其矿化分解，从而影响土壤碳库结构与活性（许淑青等，2009）。

“玉米田养鹅”（Raising geese in corn field，RGICF）是基于“农牧一体化”理论之上的一种新型生产方式，其通过鹅对田间杂草的采食来进行田间杂草管理，降低除草成本，并获得更高的经济效益和生态效益。为明确养鹅措施对耕层土壤碳库以及土壤基本理化性质的影响，本研究设置了“玉米田养鹅”、常规玉米种植（化学防控）以及对照（无杂草管理）三种生产方式，对比分析各处理下耕层土壤有机质的季节性变化以及各处理后对耕层土壤容重、含水率、地下生物量和土壤碳密度的变化及其相关性，以期明确“玉米田养鹅”生产模式下对耕层土壤碳库结构和容量的影响，这将为完善“农牧一体化”理论研究及其技术模式提供重要的理论依据。

7.3.1　结果与分析

1. 不同处理对土壤容重和含水率的影响

在各处理中，土壤容重均随着土层深度加深而增大，含水率则恰好相反（图 7-7）。各土层（表耕层 0～10 cm、中耕层 10～20 cm 和底耕层 20～30 cm）在后期土壤含水率在处理间均无显著差异（$P=0.753$；$P=0.524$；$P=0.625$）；同样，各土层的土壤容重在各处理间也均无显著差异（$P=0.709$；$P=0.715$；$P=0.595$）。

2. 不同处理对杂草地下生物量以及含碳量的影响

植物根系可作为土壤有机碳的输入者，土壤中根系生物量越多，则土壤含碳量越高。从表 7-5 可以看出，在表耕层（0～10 cm）对照的杂草根系生物量是常规处理的 1.30 倍（$P=0.009$）；在中耕层（10～20 cm）各处理间杂草根系生物量并无显著差异（$P=0.078$）；同样，在底耕层（20～30 cm）各处理间杂草根系生物量也并无

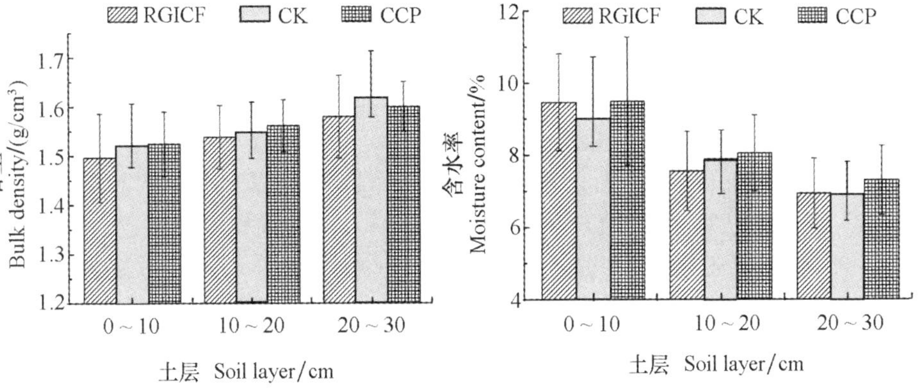

图 7-7 各处理土壤容重和含水率

Fig. 7-7 Soil bulk density and moisture content relative to treatments

显著差异($P=0.841$)。从单位面积内杂草根系的碳截获量来看,在表耕层(0～10 cm)各处理间杂草根系的碳截存量并无显著差异($P=0.219$);在中耕层(10～20 cm),对照杂草根系的碳截存量是常规处理的 1.52 倍 ($P<0.001$);底耕层(20～30 cm)与表耕层(0～10 cm)相同,各处理杂草根系碳截存量间并无显著差异($P=0.732$)。由于玉米田养鹅处理未进行人工除草,加之鹅对杂草地上部分的干扰,因此其地下生物量以及碳截存量较高,但低于对照处理。

表 7-5 不同处理下杂草根系生物量以及碳截存量

Tab. 7-5 Biomass and carbon sequestration of weed roots relative to treatments g/m²

处理 Treatment		根系生物量 Root biomass	根系碳截存量 Carbon sequestration of root
玉米田养鹅 RGICF	表耕层(0～10 cm)	515.51±33.03	108.07±34.21
	中耕层(10～20 cm)	240.62±44.87	47.10±8.12
	底耕层(20～30 cm)	142.50±68.37	28.73±14.89
对照 CK	表耕层(0～10 cm)	603.03±101.89	156.70±53.49
	中耕层(10～20 cm)	318.42±21.08	71.41±5.30
	底耕层(20～30 cm)	159.92±50.49	32.02±4.65
常规生产 CCP	表耕层(0～10 cm)	371.20±52.75	90.43±18.09
	中耕层(10～20 cm)	253.28±31.81	59.82±13.85
	底耕层(20～30 cm)	185.52±108.06	37.81±16.96

3. 不同处理耕层土壤有机碳季节消长

季节性环境因子的变化直接影响耕层土壤有机碳截存和损失。图 7-8 表明，表耕层（0～10 cm）土壤有机碳随着农作物生长而总体呈下降趋势，但玉米田养鹅生产方式较对照和常规种植方式下降最小；玉米田养鹅生产方式在中耕层（10～20 cm）土壤有机碳明显呈上升趋势，常规种植呈下降趋势；在底耕层（20～30 cm），各处理从种植前到放牧后均呈下降趋势，但玉米田养鹅生产方式下降最小。不同处理各土层（表耕层（0～10 cm），中耕层（10～20 cm），底耕层（20～30 cm））在耕作前（$P=0.106$；$P=0.815$；$P=0.931$）、放牧前期（$P=0.697$；$P=0.005$；$P=0.893$）、放牧中期（$P=0.577$；$P=0.956$；$P=0.976$）和放牧后期表耕层（0～10 cm）和底耕层（20～30 cm）（$P=0.693$；$P=0.263$）各处理间土壤有机碳并无显著差异；常规处理在放牧后期中耕层（10～20 cm）土壤有机碳低于玉米田养鹅和对照 20.49%和 17.56%（$P=0.001$），但玉米田养鹅和对照间差异不显著（$P=0.535$）。

从各土层有机碳的季节性变化来看（图 7-8），玉米田养鹅处理表耕层（0～10 cm）耕作前土壤有机碳含量最大，放牧中期最小，分别低于耕作前和放牧前期

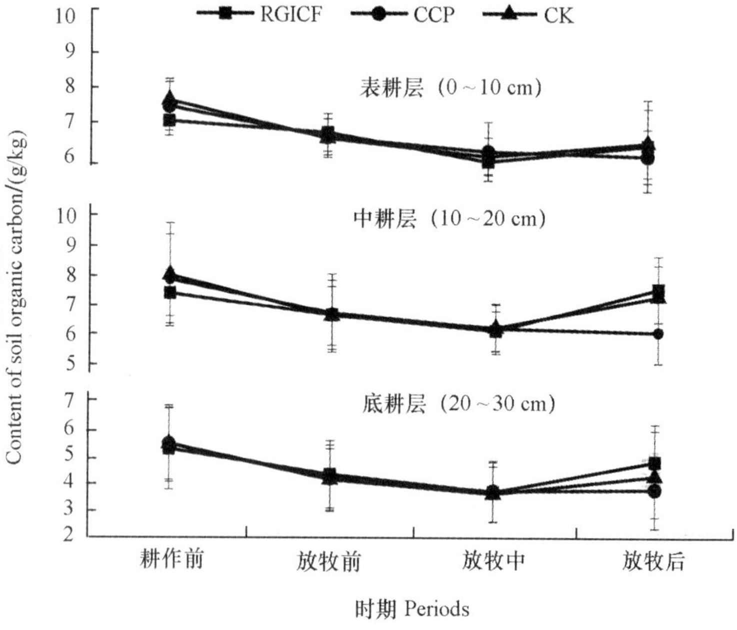

图 7-8　不同土层土壤有机碳季节消长

Fig. 7-8　Seasonal changes of soil organic carbon in different layers

17.60%和13.31%（P<0.001）；中耕层（10～20 cm）土壤有机碳呈下降趋势，处理前后差异显著（P=0.002）；与表耕层（0～10 cm）相同，底耕层（20～30 cm）中期土壤有机碳含量最小，分别低于耕作前和放牧后期32.46%和25.28%（P=0.008）。常规处理土壤表耕层（0～10 cm）呈下降趋势，在耕作前土壤有机碳含量最大，分别高出放牧前期、放牧中期和放牧后期14.26%、22.62%和25.76%（P<0.001）；中耕层（10～20 cm）也呈现下降趋势，耕作前土壤有机碳含量分别高出放牧中期和放牧后期28.77%和31.71%（P=0.005）；与中耕层（10～20 cm）相同，底耕层（20～30 cm）耕作前土壤有机碳含量52.58%和49.80%（P=0.007）。与常规处理相同，对照表耕层（20～30 cm）土壤有机碳含量在耕作前最大，分别高出放牧前期、放牧中期和放牧后期17.81%、29.01%和20.73%（P=0.001）；中耕层（10～20 cm）在耕作前土壤有机碳含量分别高出放牧前期和放牧中期22.19%和30.63%（P=0.011），但在放牧后期无显著差异；底耕层（20～30 cm）在各时期并无显著变化（P=0.164）。

4. 不同处理对耕层土壤有机碳库的影响

对比分析不同处理后耕层土壤有机碳密度可以看出（图7-9），表耕层（0～10 cm）土壤有机碳密度在处理间并无显著差异（P=0.503）；在中耕层（10～

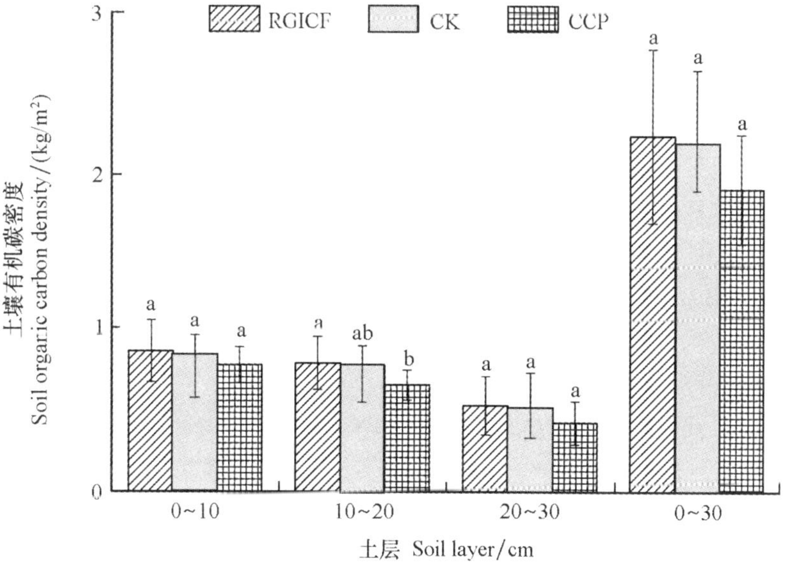

图7-9 不同处理下土壤有机碳密度和耕层碳处理

Fig. 7-9 Soil organic carbon density and storage relative to treatments

20 cm)，玉米田养鹅处理土壤有机碳密度高出常规处理 20.44%(P=0.049)，这主要是玉米田养鹅处理中杂草地下生物量和鹅粪肥还田所增加碳获得的综合效应；与表耕层(0～10 cm)相同，底耕层(20～30 cm)碳储量在处理间也均无显著差异(P=0.412；P=0.154)。

5. 不同处理土壤有机碳影响因子相关性分析

从表 7-6 中可以看出，玉米田养鹅土壤有机碳主要与含水率和根系生物量呈正相关关系，其中与根系生物量相关性达到显著水平(P=0.002)，与土壤容重呈负相关关系但未达到显著水平(P=0.988)。此外，根系生物量还与土壤容重和含水率均呈负相关关系，相关性均达到显著水平(P=0.048；P=0.002)。土壤含水率与容重呈负相关关系，但相关性不显著(P=0.085)。

表 7-6　玉米田养鹅处理有机碳各影响因子之间相关性

Tab. 7-6　Correlation between soil organic carbon and impact factors in RGICF

项目 Items	有机碳 Organic matter	容重 Bulk density	含水率 Moisture	根系生物量 Underground biomass
有机碳	1.000			
容重	−0.003	1.000		
含水率	0.315	−0.338	1.000	
根系生物量	0.568**	−0.384*	0.651**	1.000

注：* 和 ** 分别表示在 0.05 和 0.01 水平上差异显著，下同。

Note：* and ** indicates significant difference at the 0.05 and 0.01 level，respectively. The same as below.

从表 7-7 中可以看出，对照土壤有机碳主要与含水率和根系生物量呈正相关关系，相关性均达到显著水平(P=0.001；P=0.003)，与土壤容重呈显著的负相关关系(P=0.003)。与玉米田养鹅处理相同，根系生物量还与土壤容重呈负相关关系，与土壤含水率呈正相关关系，相关性均达到显著水平(P=0.040；P=0.010)。土壤含水率与容重呈显著负相关关系 (P=0.009)。

表 7-8 中，与对照相同，常规处理土壤有机碳主要与含水率和根系生物量呈正相关关系，相关性均达到显著水平(P=0.002；P<0.001)，与土壤容重呈显著的负相关关系(P=0.006)。此外，根系生物量还与土壤容重呈负相关关系，与土壤含水率呈正相关关系，相关性均达到显著水平(P=0.034；P=0.025)。土壤含水率与容重呈负相关关系，但相关性不显著(P=0.330)。

表 7-7 对照各影响因子之间相关性

Tab. 7-7 Correlation between soil organic carbon and impact factors in CK

项目 Items	有机碳 Organic matter	容重 Bulk density	含水率 Water content	根系生物量 Underground biomass
有机碳	1.000	—	—	—
容重	−0.557**	1.000	—	—
含水率	0.649**	−0.491**	1.000	—
根系生物量	0.554**	−0.398*	0.585**	1.000

表 7-8 常规处理各影响因子之间相关性

Tab. 7-8 Correlation between soil organic carbon and impact factors in CK

项目 Items	有机碳 Organic matter	容重 Bulk density	含水率 Water content	根系生物量 Underground biomass
有机碳	1.000	—	—	—
容重	−0.514**	1.000	—	—
含水率	0.561**	−0.195	1.000	—
根系生物量	0.667**	−0.409*	0.431*	1.000

7.3.2 讨论

土壤容重和含水率是土壤的基本理化性质，其对作物生长和生产以及土壤供肥能力均有着直接或间接的影响(马俊永等，2010；Martina Štursová *et al.*，2011；许淑青等，2009；王红丽等，2009)，容重作为土壤的重要物理指标，其变化受试验年限影响较大。在本研究中耕层土壤因连年耕作对土壤扰动较大，土壤容重在耕层变化较小，吴家梅等(2010)对稻草还田模式研究和张勇等(2008)对不同区域土壤有机碳影响因素的研究得到了相同结果。马俊永等(2010)研究表明在合理施肥并获得作物增产的同时，作物所遗留地下根茬增加了土壤有机碳含量并降低了土壤容重，邱宇洁(2014)研究也表明了土壤有机碳与土壤容重基本呈负相关关系，这同样与本研究结果相同。在本研究中各处理的土壤含水率与土壤有机碳呈正相关关系，这主要是由于在土壤三相(固相、液相和气相)中液相体积的增加必然会减少气相体积，而当土壤通气性受到影响必然会制约土壤有机碳的矿化分解，进而影响土壤有机碳库容量(李鸿博等，2005)。

随着作物生长季节的变化，土壤环境因子的改变影响着土壤有机质矿化分解(Fang C *et al.*，2001)。在本研究中，各处理在不同土层的土壤有机碳含量均呈现耕作后下降的趋势，这主要是在耕作后生育期环境温度不断增加，同时也因耕作扰动土壤的结构变化加速土壤有机物质的氧化分解，而在中期到后期间土壤有机质含量有所增加，则主要是植被残体以及植被地下根系所截存的外源性有机碳增加的缘故(Cong W *et al.*，2014)。在玉米田养鹅处理和对照中，由于前期并未进行除草措施杂草群落得以发生发展，杂草群落的碳截获量尤其是地下部分的碳截存量大大增加土壤有机碳库，使其在后期有机碳含量显著高于常规处理。在玉米田养鹅处理中，鹅采食杂草和基部作物叶片后所排放的粪肥中含有大量有机质，但由于该部分有机质在当季仅存在于土壤表面并未转化为土壤有机碳，因此在本研究中玉米田养鹅和对照间土壤有机碳含量并未出现显著差异；今后随着地表有机质的转化，处理间有机碳可能会出现明显差异。

在本研究中，玉米田养鹅处理土壤碳密度最大，这主要是土壤地下生物量较大以及外源性碳源投入较多所引起的，而鹅粪作为外源性碳源在当年生长季中仅黏附在地表并未转化为土壤有机碳，但经过来年耕作之后，表层粪肥进入地下经土壤微生物分解转化为稳定化合物从而增加土壤有机碳含量。

土壤有机碳储量是衡量土壤有机碳库大小的重要指标。在本研究中玉米田养鹅处理、对照以及常规处理的耕层土壤碳密度分别为 2.23 kg/m^2、2.17 kg/m^2 以及 1.89 kg/m^2，均低于全国耕地土壤碳密度的平均水平(0～20 cm 土层土壤有机碳 $SOC_{D0\text{-}20}$ 为 3.15 kg/m^2)(陈杰华，2013)，范宇等(2006)研究指出西藏 $SOC_{D0\text{-}20}$ 在 0.05～26 kg/m^2，本研究结果均在此范围内，玉米田养鹅处理土壤碳储量较高，固碳潜力较大。

7.3.3 小结

本节对各处理中耕层土壤有机质的季节性变化以及各处理后对耕层土壤容重、含水率、地下生物量和土壤碳密度的变化及其相关性进行研究，结果表明：各处理中有机碳与根系生物量和含水率呈正相关，与容重呈负相关；在放牧后期，各处理之间容重与含水率均无显著差异；玉米田养鹅处理生物杂草根系、土壤中耕层有机碳含量和碳储量显著高于常规种植方式。总体上玉米田养鹅处理土壤碳储量较高，固碳潜力较大。

7.4 “玉米田养鹅”生产模式下碳排放以及易氧化有机碳库特征

CO_2、CH_4 从土壤到大气的过程是土壤碳库损失的主要途径，也是温室气体大气分压持续增大，加速全球变暖的主要原因之一(IPCC，2007)。农业生产是人类发展的基础，据统计，农业源碳排放占据了人为碳排放总量的25%(Parkin *et al.*，2003)。“减排增汇”是当前农田生产与区域环境保护协调发展的重要途径。保护性耕作、有机农业等环境友好型生产方式对农田碳排放的影响褒贬不一(Buysse P *et al.*，2013;罗彩云等，2005)。西藏因其高寒高海拔生境，享有“世界第三极”的美誉，作为气候敏感区域，其区域碳循环特征尤其是人类干扰下的碳排放特征备受学者关注(李文华等，1998;Beniston *et al.*，1997)。为此学者们先后在西藏农田开展了土壤碳排放的监测工作，如张宪洲等(2003)通过对高原主产作物农田进行 CO_2 日和季节性变化的监测，明确了 CO_2 日和季节性排放规律;Shi 等(2006)在拉萨农田所开展的一系列研究也获得相似结果;刘合满等(2013)在日变化的尺度上，探明了林芝地区土壤呼吸与大气温度、湿度的相关关系。上述研究虽探明了西藏常见耕作制度农田碳排放特点，但在探索合理碳平衡高原生态农业模式上仍有空缺。

为此本研究立足于新型农牧一体化生产模式“玉米田养鹅”，“玉米田养鹅”是通过鹅对田间杂草的采食来进行田间杂草管理，降低除草成本，并获得更高的经济效益和生态效益。本研究对比分析农牧一体化生产方式与其他玉米种植模式之间农田碳排放特征的差异，明确各生产方式下碳排放特征与土壤温度、湿度和易氧化有机碳的相关性，旨在为“玉米田养鹅”生产方式的碳循环研究提供科学依据。

7.4.1 结果与分析

1. 不同处理下生长季土壤 CO_2 通量变化

在耕作前土壤 CO_2 的排放通量较小，处理间差异不显著(图 7-10)，进入 5 月农田进行翻耕、播种，土壤 CO_2 的排放通量在各处理中均呈现增大趋势，但与耕作前并无显著差异。随着生长季的推移，各处理土壤 CO_2 的排放通量均呈现增加趋势并在 7 月达到高峰，这可能是气温较高，土壤异养呼吸强度较大。进入 8 月，各处理土壤 CO_2 的排放通量均下降，其中玉米田养鹅处理中土壤 CO_2 的排放通量在 8 月 1 日较 7 月 20 日降低了 175.38%（$P=0.013$）。在 8—9 月，玉米田养鹅农田土壤 CO_2 的排放通量变化较小，排放水平较低；对照和常规处理在该时期农田土壤 CO_2 的排放通量波动较大，对照排放水平较高。进入 10 月后玉米田严格处理呈现增加趋势，排放水平较高，对照和常规处理排放水平较低。

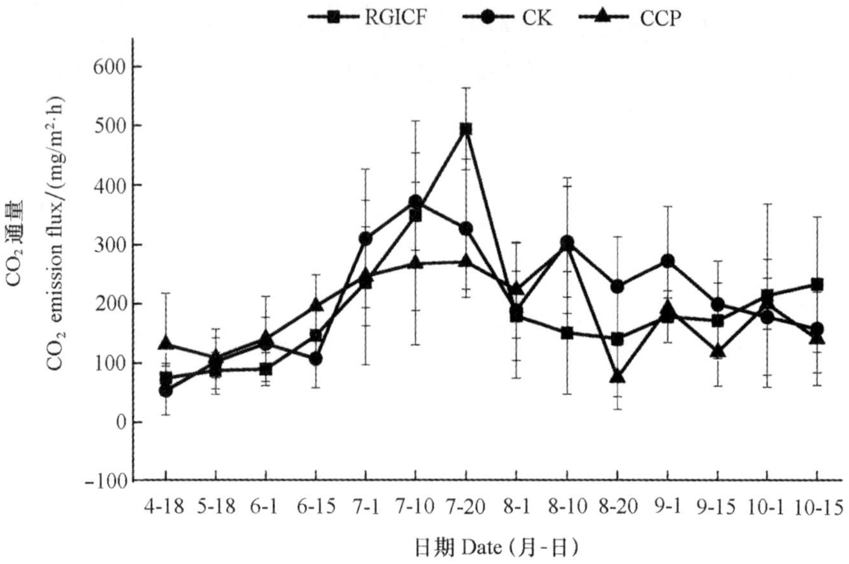

图 7-10　不同处理下 CO_2 通量的季节动态

Fig. 7-10　Seasonal changes of CO_2 emission flux relative to treatments

2. 不同处理下生长季土壤 CH_4 通量变化

在耕作前各处理 CH_4 排放通量并无显著差异（$P=0.670$，图 7-11）；耕作后，玉米田养鹅处理和对照 CH_4 排放通量呈先上升后下降趋势，常规处理则呈现相反趋势，各处理在 6、7 月间 CH_4 排放通量波动较小，各处理土壤 CH_4 通量并无显著差异。在 8 月初，各处理 CH_4 排放通量达到高峰，但在 8 月中到下旬呈下降趋势，其中玉米田养鹅 8 月中旬排放通量与 8 月初相比下降了 135.17%（$P=0.049$）；在常规处理中，8 月初的 CH_4 通量分别是 7 月下旬和 8 月中旬的 5.12 和 6.16 倍（$P=0.001$）。而在 8 月下旬至 10 月中旬各处理 CH_4 通量均呈现先上升后降低的趋势，但各处理间以及处理前后均无显著差异。

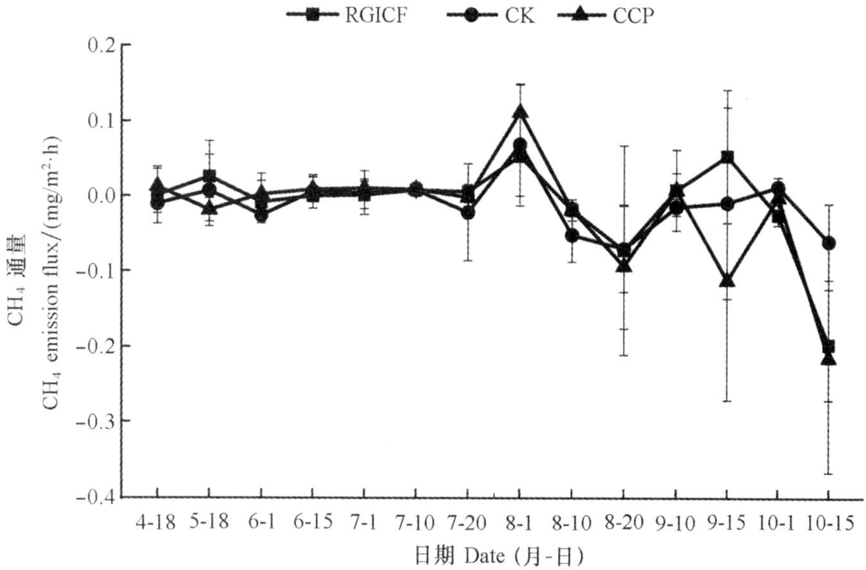

图 7-11 不同处理下 CH_4 通量的季节动态

Fig. 7-11 Seasonal changes of CH_4 emission flux relative to treatments

3. 不同处理土壤温度和湿度的季节变化

土壤温度的季节变化大体呈先上升后下降趋势(图 7-12a),于 7 月初达到最大值,对照的温度在此时期高出玉米田养鹅处理 5.64% (P=0.007),但在其他时期各处理的地温均无显著差异。

土壤湿度的季节变化波动较大(图 7-12b),常规处理的土壤湿度在 6 月中旬高出玉米田处理 15.69% (P=0.022),玉米田养鹅处理在 8 月中旬其土壤湿度高出对照 10.70% (P=0.038),在 8 月下旬分别高出对照和常规处理 13.24%和 13.11% (P=0.002)。而其他时期各处理的地温差异均不显著。玉米田养鹅处理是土壤湿度显著高于对照和常规种植,这可能是鹅采食后的杂草残体和所遗留的粪肥贴于地面形成较厚的地被物,降低了土壤水分的蒸发。

4. 不同处理土壤温度和湿度与碳排放的相关关系

从温度与 CO_2 排放的二项式模型拟合结果来看(图 7-13a),拟合度 R^2 为 0.419~0.236,各处理 CO_2 排放与温度的相关性均达到显著水平。与温度相比,各处理 CO_2 排放与湿度的相关性较弱(图 7-13b),其二项式拟合度 R^2 为 0.124~

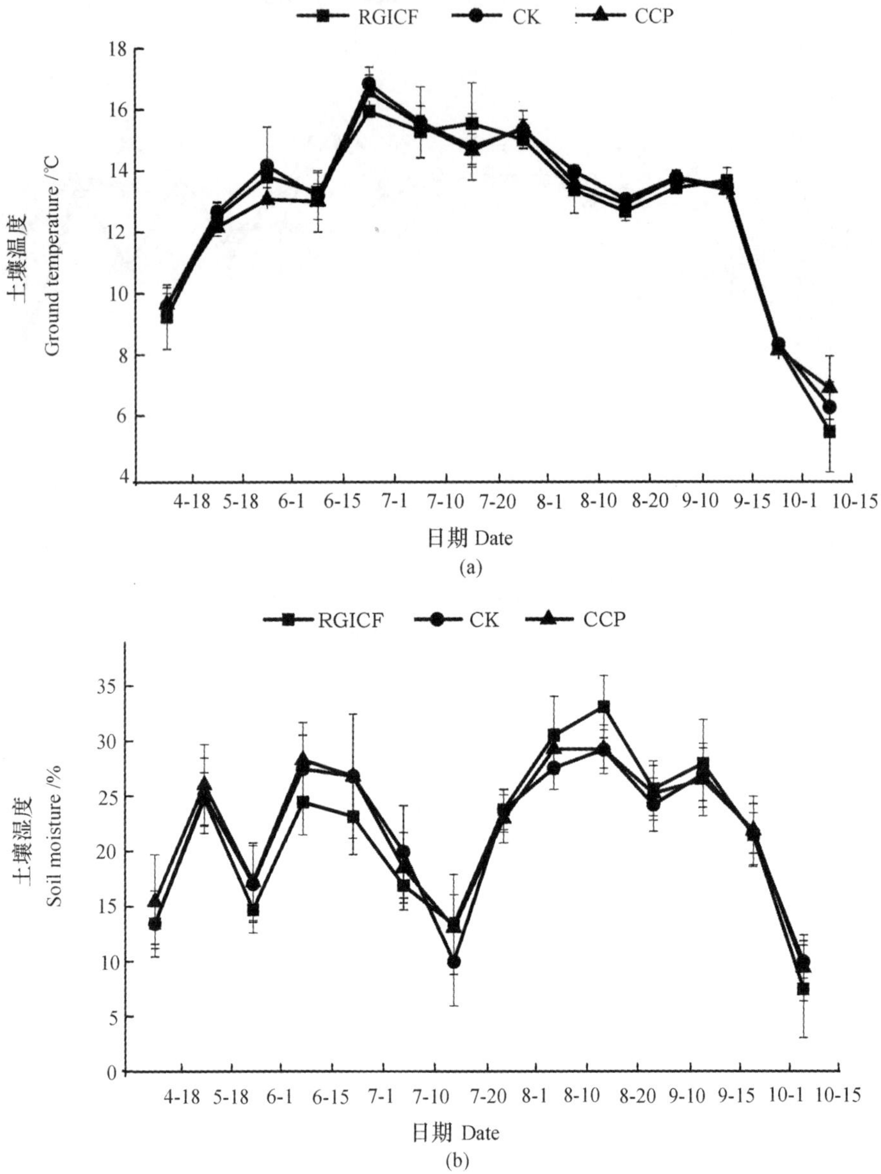

图 7-12　不同处理下温度、湿度通量的季节动态

(a) 土壤温度；(b) 土壤湿度

Fig. 7-12　Seasonal changes of soil temperature and moisture relative to treatments

(a) soil temperature; (b) soil moisture

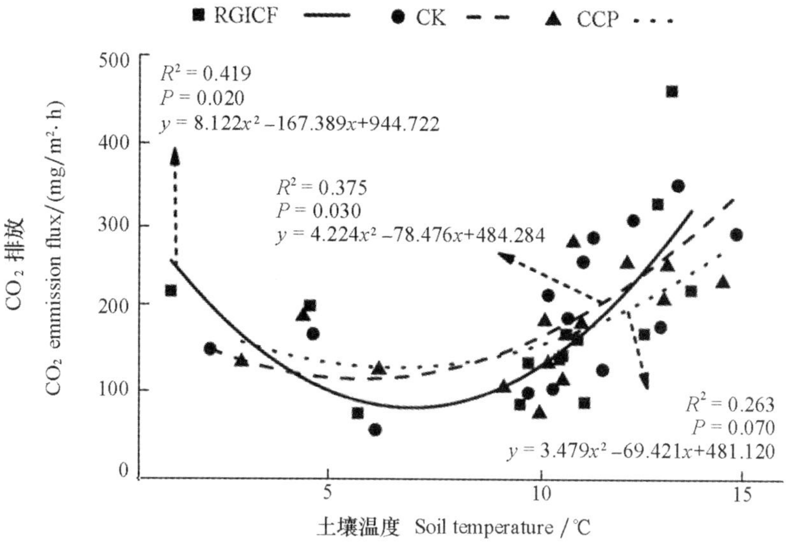

(a)

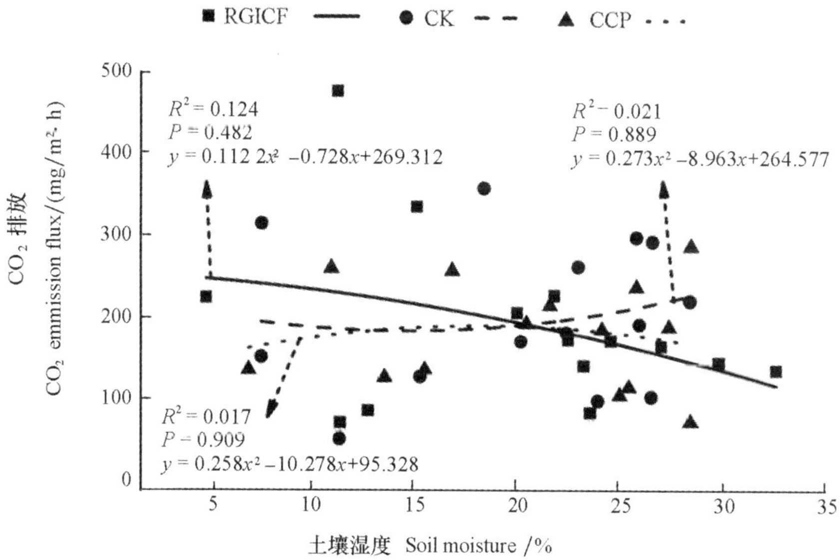

(b)

图 7-13 温度、湿度与土壤呼吸的二项式模型拟合

Fig. 7-13 Fitting soil temperature, moisture with soil respiration by using binomial model

0.017，拟合效果较差，且各处理相关性均未达到显著水平。通过 Van't Hoff 方程对 CO_2 排放与温度进行拟合（表 7-9），拟合度 0.277～0.058，拟合效果较差，且各处理相关性均未达到显著水平。通过 Van't Hoff 方程计算得到 CO_2 排放对温度敏感性指数 Q_{10} 在 2.64～1.52，对照 CO_2 排放对温度的敏感性最大，常规处理次之，玉米田养鹅最不敏感。

表 7-9　温度与土壤呼吸的 Van't Hoff 方程拟合

Tab. 7-9　Fitting temperature and soil respiration by using Van't Hoff equation

不同处理	Van't Hoff 方程	R^2	Q_{10}
RGICF	$y=101.6e^{0.042x}$	0.058	1.52
CK	$y=52.757e^{0.097x}$	0.277	2.64
CCP	$y=82.699e^{0.058x}$	0.161	1.79

从温度与 CH_4 排放的线性模型拟合结果来看（图 7-14a），拟合度 R^2 为 0.470～0.066，其中玉米田养鹅和常规处理拟合效果较好且 CH_4 排放与温度之间的 Person相关性指数均达到显著水平；对照拟合效果较差，CH_4 排放与温度之间的 Person 相关性指数未达到显著水平。与温度相比，湿度与 CH_4 排放之间的相关性较弱（图 7-14b），其模型拟合度 R^2 为 0.113～0.056，CH_4 排放与温度之间的 Person 相关性指数均未达到显著水平。

5. 不同处理下耕层土壤易氧化有机碳变化

土壤易氧化有机碳作为作物生长季变化最大的土壤有机碳组分，其在土壤碳库中所占比例常用于衡量土壤碳库的稳定性。在耕作前，三级易氧化有机碳在土壤碳库中含量高于一级易氧化有机碳和二级易氧化有机碳（表 7-10）。三级易氧化有机碳在各土层、各处理间并无显著差异（表层：$P=0.951$；中层：$P=0.189$；底层：$P=0.526$），二级和一级易氧化有机碳与三级易氧化有机碳相同在各土层、各处理间均无显著差异。与耕作前相同，三级易氧化有机碳在土壤碳库中含量高于一级易氧化有机碳和二级易氧化有机碳。放牧前（表 7-11）各处理、各土层的土壤一级易氧化有机碳（$P=0.835$；$P=0.496$；$P=0.700$）、二级易氧化有机碳（$P=0.151$；$P=0.437$；$P=0.881$）和三级易氧化有机碳（$P=0.421$；$P=0.154$；$P=0.816$）易氧化有机碳也均无显著差异。

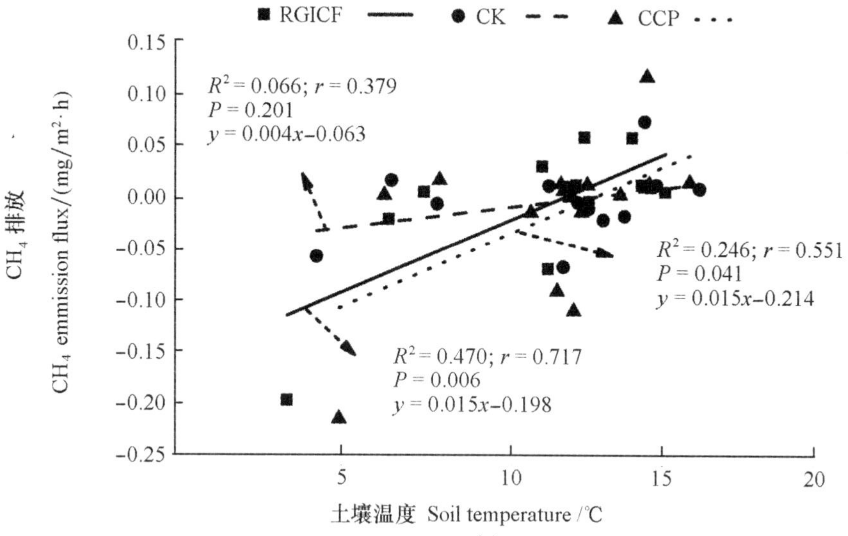

(a)

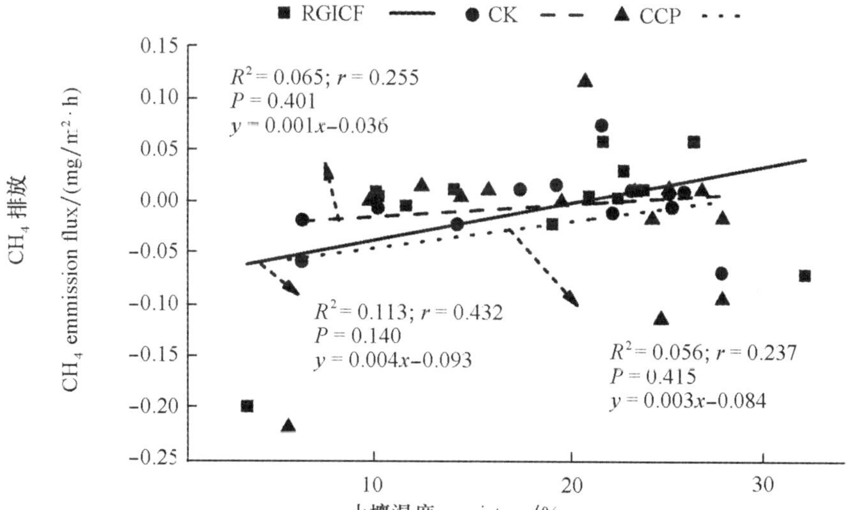

(b)

图 7-14 温度、湿度与 CH_4 排放的线性模型拟合

Fig. 7-14 Fitting soil temperature, moisture with methane emission by using binomial model

表 7-10 耕作前各处理土壤易氧化有机碳的变化

Tab. 7-10 Changes of soil readily oxidation organic carbon relative to treatments before cultivation

g/kg

项目		一级易氧化有机碳	二级易氧化有机碳	三级易氧化有机碳
0～10	RGICF	0.34±0.07a	0.26±0.21a	1.03±0.34a
	CK	0.34±0.09a	0.36±0.17a	1.00±0.35a
	CCP	0.36±0.09a	0.25±0.15a	1.07±0.42a
10～20	RGICF	0.19±0.08a	0.22±0.15a	1.11±0.31a
	CK	0.26±0.11a	0.21±0.12a	0.94±0.24a
	CCP	0.23±0.11a	0.18±0.07a	1.15±0.32a
20～30	RGICF	0.09±0.04a	0.08±0.06a	0.88±0.08a
	CK	0.10±0.04a	0.12±0.07a	1.01±0.30a
	CCP	0.09±0.04a	0.08±0.05a	0.90±0.20a

注:RGICF 表示玉米田养鹅处理,CK 表示对照,CCP 表示常规玉米种植;不同字母表示在 0.05 水平上差异显著,下同。

Note: RGICF stands for the treatment of raising geese in corn field, CK for control, CCP represents conventional corn planting; Different letters indicate a difference at the 0.05 significance level, the same below.

表 7-11 放牧前各处理土壤易氧化有机碳的变化

Tab. 7-11 Changes of soil readily oxidation organic carbon relative to treatments in pre-grazing stage

g/kg

项目		一级易氧化有机碳	二级易氧化有机碳	三级易氧化有机碳
0～10	RGICF	0.34±0.07a	0.26±0.21a	1.03±0.34a
	CK	0.34±0.09a	0.36±0.17a	1.00±0.35a
	CCP	0.36±0.09a	0.25±0.15a	1.07±0.42a
10～20	RGICF	0.19±0.08a	0.22±0.15a	1.11±0.31a
	CK	0.26±0.11a	0.21±0.12a	0.94±0.24a
	CCP	0.23±0.11a	0.18±0.07a	1.15±0.32a
20～30	RGICF	0.09±0.04a	0.08±0.06a	0.88±0.08a
	CK	0.10±0.04a	0.12±0.07a	1.01±0.30a
	CCP	0.09±0.04a	0.08±0.05a	0.90±0.20a

在放牧中期(表 7-12),三级易氧化有机碳在土壤碳库中含量高于一级易氧化有机碳和二级易氧化有机碳。玉米田养鹅处理中层土壤一级易氧化有机碳高出对照 60.89% (P=0.048),但土壤表层和底层一级易氧化有机碳 (P=0.646;P=0.689) 以及各处理、各土层土壤二级易氧化有机碳 (P=0.235;P=0.206;P=0.393) 和三级易氧化有机碳 (P=0.997;P=0.285;P=0.172) 易氧化有机碳均无显著差异。在放牧后期(表 7-13),三级易氧化有机碳在土壤碳库中含量高于一级易氧化有机碳和二级易氧化有机碳。土壤中层对照三级易氧化有机碳高出常规处理 29.19% (P=0.039),玉米田养鹅处理一级易氧化有机碳高出常规处理 57.95% (P=0.033),但各处理土壤表层 (P=0.552) 和底层 (P=0.131) 三级易氧化有机碳、二级易氧化有机碳 (P=0.596; P=0.127; P=0.686) 以及土壤表层和底层一级易氧化有机碳 (P=0.721; P=0.231) 间均无显著差异。

表 7-12 放牧中各处理土壤易氧化有机碳的变化

Tab. 7-12 Changes of soil readily oxidation organic carbon relative to treatments in during grazing stage

g/kg

项目		一级易氧化有机碳	二级易氧化有机碳	三级易氧化有机碳
0～10	RGICF	0.19±0.08a	0.54±0.44a	1.57±0.63a
	CK	0.17±0.09a	0.41±0.36a	1.57±0.65a
	CCP	0.19±0.07a	0.31±0.22a	1.53±0.38a
10～20	RGICF	0.12±0.07a	0.31±0.28a	1.62±0.76a
	CK	0.07±0.05b	0.36±0.34a	1.38±0.40a
	CCP	0.09±0.06ab	0.19±0.18a	1.24±0.32a
20～30	RGICF	0.06±0.03a	0.20±0.23a	1.40±0.83a
	CK	0.05±0.05a	0.13±0.11a	0.96±0.28a
	CCP	0.05±0.04a	0.12±0.13a	1.03±0.28a

表 7-13 放牧后各处理土壤易氧化有机碳的变化

Tab. 7-13 Changes of soil readily oxidation organic carbon relative to treatments in post-grazing stage

g/kg

项目		一级易氧化有机碳	二级易氧化有机碳	三级易氧化有机碳
0～10	RGICF	0.36±0.20a	0.30±0.17a	1.40±0.34a
	CK	0.40±0.13a	0.35±0.20a	1.33±0.45a
	CCP	0.50±0.37a	0.49±0.39a	1.23±0.39a
10～20	RGICF	0.32±0.16a	0.17±0.10a	1.42±0.44a
	CK	0.27±0.10a	0.19±0.15a	1.43±0.34a

续表 7-13

项目		一级易氧化有机碳	二级易氧化有机碳	三级易氧化有机碳
	CCP	0.20±0.13a	0.30±0.25a	1.10±0.47a
20～30	RGICF	0.15±0.08a	0.15±0.11a	1.25±0.37a
	CK	0.10±0.08a	0.16±0.12a	1.05±0.31a
	CCP	0.14±0.12a	0.27±0.26a	0.97±0.47a

6. 碳排放与土壤易氧化有机碳相关关系

玉米田养鹅处理中 CO_2 排放与各级易氧化碳均呈现正相关关系(表 7-14),相关性大小依次为三级易氧化有机碳＞二级易氧化有机碳＞一级易氧化有机碳,其中三级易氧化有机碳与 CO_2 排放相关性达到显著水平(P＝0.026);而在 CH_4 排放与各级易氧化碳相关性大小依次为一级易氧化有机碳＞三级易氧化有机碳＞二级易氧化有机碳,其中一级易氧化有机碳和三级易氧化有机碳与 CH_4 排放呈现负相关。对照的 CO_2 和 CH_4 排放与各级易氧化碳相关性大小依次为三级易氧化有机碳＞一级易氧化有机碳＞二级易氧化有机碳和二级易氧化有机碳＞一级易氧化有机碳＞三级易氧化有机碳,其中一级易氧化有机碳与 CO_2 和 CH_4 的排放以及二级易氧化有机碳与 CH_4 的排放均呈现负相关。与对照相同,常规处理一级易氧化有机碳与 CO_2 和 CH_4 的排放以及二级易氧化有机碳与 CH_4 的排放均呈现负相关,CO_2 和 CH_4 排放与各级易氧化碳相关性大小依次为三级易氧化有机碳＞二级易氧化有机碳＞一级易氧化有机碳和一级易氧化有机碳＞二级易氧化有机碳＞三级易氧化有机碳。

表 7-14 土壤易氧化有机碳与土壤碳排放的相关关系

Tab. 7-14 Relationship between the soil readily oxidation organic carbon and soil carbon emission

g/kg

项目		一级易氧化有机碳	二级易氧化有机碳	三级易氧化有机碳
RGICF	CO_2	0.042	0.207	0.673
	CH_4	－0.534	0.185	－0.258
CK	CO_2	－0.439	0.222	0.537
	CH_4	－0.163	－0.173	0.139
CCP	CO_2	－0.217	0.241	0.380
	CH_4	－0.331	－0.282	0.243

注:* 表示在 0.05 水平上差异显著。

Note: * indicates significant difference at the 0.05 level.

7.4.2 讨论

1. 不同处理对土壤碳排放的影响

西藏作为区域气候敏感区，其区域碳排放特征备受关注。Shi 等(2006)通过对冬小麦地的土壤 CO_2 排放通量季节性变化发现，最大排放通量发生在 6 月中旬，为 625 mg/(m^2·h)；张宪洲等(2003)对冬小麦和青稞地的土壤 CO_2 排放通量检测表明，最大排放通量发生在 6 月初，为 1 666.67 mg/(m^2·h)。在本研究中各处理高峰出现在 7 月中旬，各处理最大排放通量分别为：玉米田养鹅处理：494.51 mg/(m^2·h)，对照：372 mg/(m^2·h)，常规处理：297 mg/(m^2·h)，各处理 CO_2 排放水平均低于前人研究，这主要是地区的异质性以及种植制度差异所造成的。农田土壤碳排放波动主要是土壤的水热条件变化所导致的(Lai *et al.*，2012)。从温度的影响来看，本研究中各处理土壤温度与 CO_2 排放存在较强相关性，这与前人研究保持一致(孙善彬，2007；严俊霞等，2010)。Q_{10} 作为土壤呼吸的温度敏感性评价指标已被广泛应用，综合考虑各类生态系统 Bond-Lamberty 和 Thomson 提出全球 Q_{10} 中间值为 1.5(Bond-Lamberty *et al.*，2010)，本研究玉米田养鹅和常规处理 Q_{10} 值均在此范围内，但对照的 Q_{10} 值较高，这可能是对照农田管理方式异于常规农田管理(即一直不除草)。玉米田养鹅处理与对照农田前期均未进行除草措施，杂草群落在该区域地上、地下的发生发展影响着土壤的 CO_2 排放(Epron *et al.*，1999)，因此其在杂草群落建成初期(在 6—7 月)农田 CO_2 排放持续增加，但在 7 月下旬至 8 月初急剧下降，主要的限制因子为土壤水分。玉米田养鹅处理在生长季后期 CO_2 排放呈现增加趋势，这主要是外界碳源(鹅在田间所排放的粪肥)的投入所产生的激发效应(Woolf *et al.*，2010)。Shi 等的研究指出西藏拉萨地区农田 CO_2 排放通量与温度变化的相关性较强，而与土壤水分相关性较弱，主要是由于频繁的灌溉使得农田土壤水分维持在一定水平，其土壤含水率季节性变化较小(张宪洲等，2003)。在本研究中，虽生长季降雨较为频繁，但土壤保水效果差，土壤含水率仍呈现较大波动，而土壤 CO_2 排放通量与含水率的较弱相关性可能是水分对土壤呼吸的双向调节作用引起的(孙善彬，2007；Castro *et al.*，1995)，即在土壤水分达到某一界值前对土壤呼吸是促进作用而超过这一界值则对其会产生抑制效果。

在本研究中，各处理农田对 CH_4 基本呈现吸收-汇的作用，这与前人研究结果相同(齐玉春等，2002)，各处理最大吸收峰出现在 8 月中旬和 10 月中旬，但在 8 月上旬各处理均出现 CH_4 排放的高峰，对比土壤湿度的变化可以看出该时段有明显的连续降水，而较高的土壤含水率会降低土壤气相体积，不利于甲烷氧化菌群的活动，从而出现 CH_4 集中排放的情况（王玉英等，2011）。从农田 CH_4 动态与土壤温湿度的线性拟合结果来看，各处理农田 CH_4 动态与土壤温湿度相关性较弱，这主要是当水分作为主导因素时，温度与 CH_4 动态并无相关关系，而当温度在0～25℃时，其会通过影响甲烷氧化菌从而掩盖水分与 CH_4 动态的相关关系（孙善彬，2007）。

2. 不同处理下土壤碳排放的影响因素

土壤易氧化有机碳作为作物生长季变化最大的土壤有机碳组分，其在土壤碳库中所占比例常用于衡量土壤碳库的稳定性（赵鑫，2007）。在本研究中各处理耕作前易氧化有机碳含量较低，但在放牧前期土壤易氧化有机碳含量增加，耕作对土壤易氧化有机碳的累积呈正向作用，这与前人研究保持一致。在耕作前和放牧前期各处理间各级易氧化有机碳的季节性变化并无显著差异，易氧化有机碳的变化主要取决于土壤地下生物量分配及其分解的难易程度（Jobbágy *et al.*，2000）。在玉米田养鹅进行放牧后土壤一级易氧化有机碳含量增加，这可能是鹅所排放粪肥以及采食、践踏后的杂草残体易于微生物分解所产生的。而从易氧化有机碳与碳排放的相关关系来看，各处理三级易氧化有机碳与 CO_2 排放相关性较强，这与前人研究结果一致（孙善彬，2007；霍莲杰等，2013），而易氧化有机碳与 CH_4 排放基本呈现负相关趋势这主要是旱地农田呈现为 CH_4 吸收-汇。

7.4.3　小结

本章通过对各处理下土壤 CO_2、CH_4 的季节通量及其与土壤温、湿度和易氧化有机碳的相关关系进行分析，结果表明：耕作后，各处理土壤 CO_2 的排放通量均呈现增加趋势并在7月达到高峰，CH_4 在各处理中均为吸收“汇”。各处理中土壤 CO_2 的排放通量与土壤温度相关性较强，与湿度相关性较弱；土壤 CH_4 通量与温度和湿度的相关性较弱。土壤中层对照土壤三级易氧化有机碳较高，玉米田养鹅处理土壤一级易氧化有机碳较高；各处理中 CO_2 排放与二、三级易氧化碳均呈现正相关关系，CH_4 排放与一级易氧化有机碳均呈现负相关。总的来看，玉米田养鹅处理季节排放高峰较大，土壤易氧化有机碳活性较强，土壤碳库较为活跃。

7.5　“玉米田养鹅”生产模式下碳收支和碳平衡结果

在全球变暖的大背景下，农田生态系统不仅要保证土壤肥力、农产品产量和品质，其还需具备缓解土壤碳排放、增加土壤固碳量的能力（FAO，2009；Smith *et al.*，2004）。探明不同时空下农田生态系统碳的源和汇现状，并摸清农田生态系统源-汇的转换机制和过程是探索“增汇减排”技术路径的理论基础（Houghton，2007）。农田碳收支（carbon budget）和平衡（carbon balance）是评价农业生态系统碳循环“源”、“汇”属性的重要手段（Béziat *et al.*，2009），其已被广泛应用于不同尺度的农田生态系统（Wang *et al.*，2015；Tian *et al.*，2011）。前人研究中，常以农田净初级生产力（NPP）与异养呼吸的差值来进行评价（黄斌等，2006；李旭东，2011），但该类方法常忽略了农田投入物资的间接碳排放（梁尧等，2012），以及农田物资碳投入（Smith *et al.*，2010）。为此本研究通过对农田物资碳收入和支出进行清算，并结合各类物资的碳排放系数，从而核算农田投入物资的碳投入量和间接碳排放。对比分析玉米田养鹅处理、常规玉米生产和对照农田土壤年碳排放总量、系统碳收入、支出结构以及平衡结果，旨在为玉米田养鹅碳收支研究提供科学依据。

7.5.1 结果与分析

1. 各处理土壤碳排放量

图 7-15 表明，从 2014 年 4 月至 2015 年 3 月之间的农田碳排放监测数据来看，玉米田养鹅处理、对照和常规处理的 CO_2 的年排放量分别为 9 034.76、998 0.01和 9 357.33 kg/（hm^2·年），但各处理间差异并不显著（$P=0.870$）；从 CH_4 的监测数据来看，各处理土壤对 CH_4 均表现为吸收“汇”，玉米田养鹅处理、对照和常规处理的 CH_4 的年排放量为－0.56、－6.28 和－2.85 kg/（hm^2·年），但

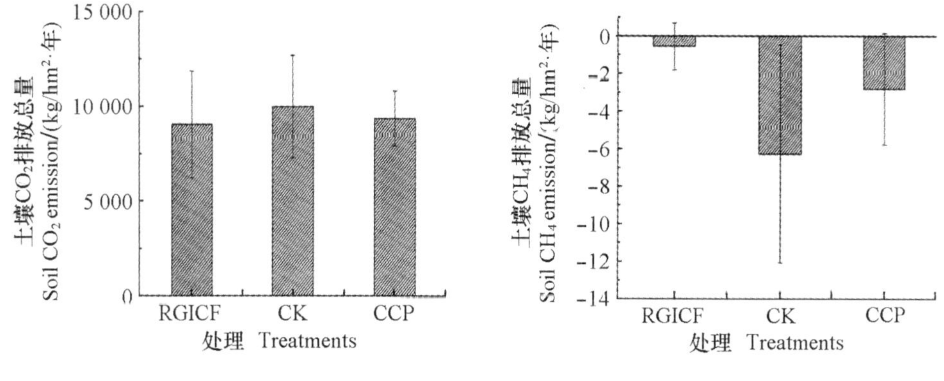

图 7-15 不同处理下 CO_2 和 CH_4 的年排放量

Fig. 7-15 CO_2 and CH_4 annual emission flux relative to treatments

各处理间差异并不显著（$P=0.457$）。

2. 各处理农业投入碳排放

表 7-15 显示，农田投入总碳排放量玉米田养鹅处理较大，为 24.21 kg，分别高出对照和常规处理 7.41%和 1.72%。玉米田养鹅处理中，燃油、复合肥和农膜是主要的碳投入分别占总投入的 31.02%、26.47%以及 25.82%，与玉米田养鹅处理相同，对照和常规处理燃油、复合肥和农膜的投入也占据了较大的碳排放比例，分别为 33.32%、28.44%和 27.73%，31.55%、26.93%和 26.26%。

表 7-15 各处理农田投入碳排放

Tab. 7-15 Carbon emission of agricultural input relative to treatments

项目 Item	碳排放系数 Index of carbon emission	玉米田养鹅 RGICF	对照 CK	常规种植 CCP
燃油 Fuel	0.94 L/kg	7.51	7.51	7.51
种子 Seed	1.05 kg/kg	1.89	1.89	1.89
复合肥 Fertilizer	0.89 kg/kg	6.41	6.41	6.41
除草剂 Herbicide	6.30 kg/kg	0.00	0.00	1.26
农膜 Film	2.5 kg/kg	6.25	6.25	6.25
人工	0.24kg/(人·d)	0.96	0.48	0.48
尼龙网	2.5 kg/kg	1.00	0.00	0.00
电能	0.019 kg/kWh	0.19	0.00	0.00
合计		24.21	22.54	23.80

3. 各处理农田碳收支及其平衡

从农田的碳投入比例来看（表 7-16），玉米田养鹅处理中作物固碳、凋落物和粪肥分别占据了总碳投入的 91.53%、3.73%和 3.39%；在对照中作物固碳、凋落物和杂草是主要的碳投入，分别占据了总投入的 94.59%、2.29%和 2.33%；作物固碳是常规处理最大的碳投入，其占据了总投入的 98.72%。从农田的碳产出结构来看，农田投入碳排放、作物收获和土壤碳排放是主要碳产出，分别占据了玉米田养鹅处理，对照和常规处理总碳投入的 10.30%、58.25%和 31.45%；9.42%、56.53%和 34.05%；9.74%、58.97%和 31.29%。各处理农田碳收支失衡，均呈现碳“源”的情况，但相比之下，玉米田养鹅处理碳排放比常规种植碳排放少 10.29%、比对照少 3.50%。总之，玉米田养鹅处理碳平衡状态较好，其次是常规处理,对照次之。

表 7-16 各处理农田碳收支及其平衡

Tab. 7-16 Carbon budget and balance relative to treatments kg/(hm²·年)

项目 Item	玉米田养鹅 RGICF	对照 CK	常规种植 CCP
收入 Input			
种子 Seeds	27.00	27.00	27.00
化肥 Fertilizer	14.14	14.14	14.14
粪肥 Manure	187.96	0.00	0.00
杂草 Weeds	33.67	122.19	14.32
凋落物 Litter	206.74	120.57	15.11
作物固碳 Crop carbon assimilation	5 073.09	4 967.65	5 453.45
总计 Total	5 542.60	5 251.55	5 524.02
产出 Output			
农业投入碳排放 AICE	807.00	751.33	793.33
作物收获 Crop harvest	4 563.30	4 510.23	4 805.65
土壤碳排放 Soil carbon emission	2 463.60	2 717.11	2 549.89
总计 Total	7 833.90	7 978.67	8 148.87
碳平衡 Carbon balance	−2 291.30	−2 727.12	−2 624.85

7.5.2 讨论

土壤碳排放受诸多因素控制如土壤温度、湿度、地下生物量以及微生物活性等,在本研究中,玉米田养鹅处理中,土壤 CO_2 年排放量较低但其地下生物量较高(第三章),这与一些研究结果相违背(Smith *et al.*, 2010),究其原因可能是玉米田养鹅处理前期并未使用除草剂有利于杂草群落的发展,而当其累积一定生物量(尤其是地下生物量)时,玉米田养鹅处理开始进行放牧,鹅对杂草群落的采食、践踏不仅控制了杂草地上部分的发生发展,同时也限制了地下部分的养分来源(李正才等, 2006)。除了对杂草的防控效应外,杂草所供应的营养减少了养鹅的投入成本,杂草以及作物经采食后所累积的光合碳转化为粪肥直接还田,增加系统内部的碳循环效率,培肥土壤,为生产者的生长发育提供必要的营养元素,从而进一步提高生产-生态效益(沙志鹏等, 2016)。在对照中,前期管理虽然与玉米田养鹅处理相同，但土壤的碳排量较大，这可能是杂草根系的发展增加了土壤微生物的活性，刺激土壤异养呼吸的排放(陈欣等，2000)。

各处理碳收支失衡，均呈现碳“源”的情况，究其原因主要是作物收获所导致的碳损失。Smith 等(2010)研究指出农田作物碳周转周期短、固碳潜力大，也认为合理的秸秆管理模式有利于增加土壤碳储量，是农田碳“源”转“汇”巨大驱动力。张恒恒等(2015)的研究发现常规生产(秸秆焚烧或移除)下系统呈现碳收支失衡，表现为碳排放“源”(－3 101.8 kg/hm^2)，这与本研究各处理的情况相同，相反，当秸秆还田时，其体系表现为碳的吸收“汇”(－1 701.8 kg/hm^2)。常规处理是西藏典型的种植方式，其秸秆主要作为牲畜的越冬饲料产出，但牲畜的放养习惯使得粪肥难以回收还田，种养系统契合度不高。

7.5.3 小结

本章通过对各处理农田土壤年排放量以及农田碳平衡进行比较分析，发现各处理土壤年 CO_2 排放量大小呈现对照＞常规处理＞玉米田养鹅；各处理 CH_4 均呈现吸收“汇”；各处理由于作物收获损失大量碳，系统碳收支失衡，均为碳的排放“源”，其碳“源”大小依次为对照＞常规处理＞玉米田养鹅。总的来看，玉米田养鹅处理土壤 CO_2 排放量少系统碳平衡现状较好，常规处理次之，对照最差。玉米田养鹅生产方式与常规处理方式以及对照比较，具有减排效果，对于减缓土壤温室气体排放具有良好效果。

总之，玉米田养鹅生产方式对玉米干物质累积和碳同化能力影响小，土壤碳排放较低，潜在增加了土壤碳储量，并获得较好的系统碳平衡现状。玉米田养鹅处理为碳源，但其碳排放低于常规处理和对照，是“减排”的生产模式，对于减缓土壤温室气体排放具有较为良好的效果，值得在玉米产区作为环境友好型生态农业大力推广。

7.6 结　论

(1)从玉米生长和物质累积来看，常规处理营养器官的干物质积累在生殖生长阶段要显著优于玉米养鹅处理和对照；常规处理的生产器官(籽粒)物质累积、根系生物量以及玉米初级净生产力在灌浆和成熟期均高于对照。玉米田养鹅处理对玉米生长、物质积累并无明显影响。

(2)从玉米碳固定来看，常规处理营养器官和生产器官碳同化量在生殖生产阶段显著高于对照，但与玉米田养鹅处理并无显著差异。从杂草群落的干物质累积和固碳动态来看，玉米田养鹅和对照在玉米各生育期杂草群落生物量和固碳量均高于常规处理，其中对照杂草群落生物量和固碳量在玉米灌浆期显著高于玉米田养鹅处理。玉米田养鹅处理中杂草残体以及鹅采食杂草后所遗留的粪肥作为重要的同化碳来源，增加了系统碳同化总量。

(3)从不同处理下耕层土壤有机碳的季节动态来看，在成熟期(后期)玉米田养鹅处理和对照中耕层土壤有机碳显著高于对照。在后期，各处理各土层间土壤容重、含水率并无显著差异，但杂草地上生物量、根系生物量以及碳截获间常规处理较低。从耕层碳储量来看，玉米田养鹅处理中耕层碳储量显著高出常规处理，但在表耕层、底耕层以及耕层土壤碳储量间并无显著差异。各处理土壤有机碳均与容重呈现负相关，与含水率和根系生物量呈现正相关。总体上玉米田养鹅处理土壤碳储量较高，固碳潜力较大。

(4)耕作后，各处理土壤 CO_2 的排放通量均呈现增加趋势并在 7 月达到高峰，随后均下降，并在一定区间内波动，各处理间土壤 CO_2 排放通量并无显著差异。各处理均呈现 CH_4 的吸收“汇”，耕作后各处理土壤 CH_4 排放或吸收量较少，在 8 月初，各处理 CH_4 排放通量达到高峰，随后各处理基本呈现 CH_4 的吸收“汇”。各处埋中土壤 CO_2 的排放通量与土壤温度间二项式拟合度 R^2 在 0.419～0.236，相关性较强，但与湿度相关性较弱，各处理土壤 CO_2 排放温度敏感性指数 Q_{10} 在 1.52～2.64；土壤 CH_4 通量与温度和湿度的相关性较弱。

(5)从土壤易氧化有机碳的季节动态来看，在放牧后期，土壤中层对照土壤三级易氧化有机碳较高，玉米田养鹅处理土壤一级易氧化有机碳较高；玉米田养鹅处理中 CO_2 排放与各级易氧化碳均呈现正相关关系，CH_4 排放与一级和三级易氧化有机碳呈现负相关。对照一级易氧化有机碳与 CO_2 和 CH_4 的排放以及二级易氧化有机碳与 CH_4 的排放呈现负相关。与对照相同，常规处理一级易氧化有机碳与 CO_2 和 CH_4 的排放以及二级易氧化有机碳与 CH_4 的排放均呈现负相关。总体来看，玉米田养鹅处理季节排放高峰较大，土壤易氧化有机碳活性较强，土壤碳库较为活跃。

(6)从各处理农田土壤年排放量以及农田碳平衡分析来看，各处理土壤年 CO_2 排放量大小呈现对照＞常规处理＞玉米田养鹅；各处理 CH_4 均呈现吸收“汇”；各处理由于作物收获损失大量碳，系统碳收支失衡，均为碳的排放“源”，其碳“源”大小依次为对照＞常规处理＞玉米田养鹅。

总之,玉米田养鹅生产方式对玉米干物质累积和碳同化能力影响小,土壤碳排放较低,潜在增加了土壤碳储量,并获得较好的系统碳平衡现状。玉米田养鹅处理为碳源,但其碳排放低于常规处理和对照,是“减排”的生产模式,对于减缓土壤温室气体排放具有较为良好的效果,值得在玉米产区作为环境友好型生态农业大力推广。

参考文献

[1] 陈继康,李素娟,张宇,等. 不同耕作方式麦田土壤温度及其对气温的响应特征——土壤温度日变化及其对气温的响应[J]. 中国农业科学,2009,42(7):2592-2600.

[2] 陈杰华. 重庆市农田土壤有机碳库现状、变化趋势及固碳潜力研究[D]. 西南大学,2013.

[3] 陈念平,耿莉萍. 中国土地耕作成本及相关问题的经济学分析[J]. 中国土地科学,2010,24(1):3-8.

[4] 陈素英,张喜英,裴冬,等. 玉米秸秆覆盖对麦田土壤温度和土壤蒸发的影响[J]. 农业工程学报,2005,21(10):171-173.

[5] 陈欣,唐建军,赵惠明,等. 农业生态系统中杂草资源的可持续利用[J]. 自然资源学报,2003,18(3):340-346.

[6] 陈欣,王兆骞,唐建军. 农业生态系统杂草多样性保持的生态学功能[J]. 生态学报,2000,19(4):50-52.

[7] 程序. 农牧交错带研究中的现代生态学前沿问题[J]. 资源科学,1999,21(5):1-8.

[8] 程序. 中国北方农牧交错带生态系统的独特性及其治理开发的生态学原则[J]. 应用生态学报,2002,13(11):1503-1506.

[9] 崔亮亮,刘勇,杨士玲,等. 山东省麦红吸浆虫发生动态及传播方式研究. 粮食安全与植保科技创新,2009:247-251.

[10] 邓建才,蒋新,王代长,等. 农田生态系统中除草剂阿特拉津的环境行为及其模型研究进展[J]. 生态学报,2005,25(12):3359-3367.

[11] 邓伟,裘善文,梁正伟. 中国大安碱地生态试验站区域生态环境背景[M]. 北京:科学技术出版社,2006,1.

[12] 董孝斌,高旺盛. 关于系统耦合理论的探讨[J]. 中国农学通报,2005,21(1):290-292,339.

[13] 董孝斌,高旺盛,隋鹏,等. 北方农牧交错带典型农户系统的能值分析[J]. 干旱区资源与环境,2006,20(4):78-82.

[14] 杜满义，范少辉，漆良华，等．不同类型毛竹林土壤碳、氮特征及其耦合关系[J]．水土保持学报，2010，24(4)：198-202.
[15] 范宇，刘世全，张世熔，等．西藏地区土壤表层和全剖面背景有机碳库及其空间分布[J]．生态学报，2006(9)：2834-2846.
[16] 方华军，杨学明，张晓平．人类胁迫对松嫩平原土壤盐渍化的灰色关联分析[J]．干旱区资源与环境，2003，17(2)：65-70.
[17] 高利伟，马林，张卫峰，等．中国作物秸秆养分资源数量估算及其利用状况[J]．农业工程学报，2009，25(7)：173-179.
[18] 巩玉玲，王兆锋，张镱锂，冯永军．拉萨灌丛草甸区土壤温度变化特征[J]．土壤学报，2016，53(2)：411-420.
[19] 关法春，兰小中．仿野生生产方式的生理生态学原理与技术途径[J]．农业现代化研究，2012，33(6)：727-730.
[20] 关法春，梁正伟．稻草覆盖对羊草育苗床土水热条件及其出苗的影响[J]．中国草地学报，2008，30(5)：47-53.
[21] 关法春，梁正伟．农牧耦合生产方式下不同批次肉鹅养殖效应研究[J]．中国生态农业学报，2009，3(17)：537-540.
[22] 关法春，沙志鹏，王军峰，等．不同养殖场地时空特征下的鹅生长发育状况[J]．草地学报，2013，21(6)：1208-1213.
[23] 关法春，田飞鹏，沙志鹏，等．不同生产方式下肉鹅养殖场地的贡献及生产效果[J]．中国农业大学学报，2013，18 (4)：129-133.
[24] 关法春，王超．"农牧一体化"理论的原理[J]．西藏农牧学院学报，2011，1：42-45.
[25] 郭芳，赵雪雁，张丽琼，等．甘南高原不同生计方式农户的碳足迹分析[J]．生态学报，2015，35(11)：3755-3765.
[26] 郭水良，李扬汉，赵铁桥．浙江金华地区小麦-杂草群落中杂草生态位的研究[J]．植物生态学报，1998，22(1)：76-84.
[27] 郭水良，赵铁桥．除草剂对杂草微观进化及多样性的影响[J]．生物多样性，1997，5(4)：301-306.
[28] 韩惠芳，宁堂原，李增嘉，等．保护性耕作和杂草管理对冬小麦农田土壤水分及有机碳的影响．应用生态学报，2011，22(5)：1183-1188.
[29] 韩惠芳，宁堂原，田慎重，等．土壤耕作及秸秆还田对夏玉米田杂草生物多样性的影响[J]．生态学报，2010，30(5)：1140-1147.
[30] 侯新村，范希峰，武菊英，等．纤维素类能源草在京郊地区的经济效益与生态

价值评价[J]. 草业学报,2011,20(6):12-17.

[31] 胡昌浩,潘子龙. 夏玉米同化产物积累与养分吸收分配规律的研究Ⅱ. 氮、磷、钾的吸收、分配与转移规律[J]. 中国农业科学,1982 (2): 38-48.

[32] 黄斌,王敬国, 龚元石,等. 冬小麦夏玉米农田土壤呼吸与碳平衡的研究[J]. 农业环境科学学报, 2006, 25(1):156-160.

[33] 霍莲杰, 纪雄辉, 吴家梅,等. 有机肥施用对稻田甲烷排放的影响及模拟研究[J]. 农业环境科学学报,2013,32(10):2084-2092.

[34] 姜锦鹏,韦习会,陈杰,等. 日粮添加脂肪细胞膜蛋白抗体对猪胴体品质和脂肪代谢相关激素和酶活性的影响[J]. 中国农业科学,2007,40(7):1515-1522.

[35] 赖德芳,沈魁敏,蔡元呈. 闽东南果-草-牧-菌-沼生态农业模式研究[J]. 中国生态农业学报,2005,13(4):210-213.

[36] 李潮海,刘奎. 玉米碳氮代谢研究进展[J]. 河南农业大学学报,2000,34(4):318-323.

[37] 李鸿博,史锟,孙咏红. 三种林下土壤浅剖面有机碳含量研究[J]. 生态学杂志,2005, 24(10):1230-1233.

[38] 李建东,郑慧莹. 松嫩平原盐碱化草地治理及其生物生理机理[M]. 北京:科学出版社,1997:1-5.

[39] 李海玲. 平原农区杨农复合生态系统碳储量与碳平衡研究[D]. 南京林业大学, 2010.

[40] 李隆,李晓林,张福锁. 小麦大豆间作条件下作物养分吸收利用对间作优势的贡献[J]. 植物营养与肥料学报,2000,6(2):140-146.

[41] 李儒海,强胜,邱多生,等. 长期不同施肥方式对稻油两熟制油菜田杂草群落多样性的影响[J]. 生物多样性,2008,28(7):118-125.

[42] 李润枝,张娟,陈桂娴,等. 农田杂草抗药性检测鉴定方法. 中国农学通报,2010,26(18):289-292.

[43] 李书田,金继运. 中国不同区域农田养分输入、输出与平衡[J]. 中国农业科学,2011,44(20): 4207-4229.

[44] 李文华, 周兴民. 青藏高原生态系统及优化利用模式[M]. 广州:广东科技出版社,1998:315-382.

[45] 李旭东. 黄土高原草地与农田系统土壤呼吸及碳平衡[D]. 兰州大学,2011.

[46] 李正才,傅毅,徐德应,等. 农田营造早竹林后土壤有机碳的变化[J]. 林业科学研究,2006, 19(6):773-777.

[47] 李紫燕,李世清,李生秀. 铵态氮肥对黄土高原典型土壤氮素激发效应的影响[J]. 植物营养与肥料学报,2008,14(5):866-873.

[48] 梁尧,韩晓增,乔云发,等. 小麦-玉米-大豆轮作下黑土农田土壤呼吸与碳平衡[J]. 中国生态农业学报,2012,20(4):395-401.

[49] 林慧龙,侯扶江. 草地农业生态系统中的系统耦合与系统相悖研究动态[J]. 生态学报,2004,6(24):1252-1258.

[50] 林瑞余,蔡碧琼,柯庆明,等. 不同水稻品种产量形成过程的固碳特性研究[J]. 中国农业科学, 2006, 39(12):2441-2448.

[51] 刘春生,杨吉华,马玉增,等. 对板栗园树盘土壤双重覆盖的效应研究[J]. 农业工程学报, 2004,20(1):69-71.

[52] 刘合满,曹丽花,马和平. 土壤呼吸日动态特征及其与大气温度、湿度的响应[J]. 水土保持学报, 2013,1:193-196.

[53] 刘洪来,张卫华,王堃,等. 华北农牧交错带农田-草地界面土壤水分影响域分析. 应用生态学报,2009,20(3):659-664.

[54] 刘加珍,陈亚宁,张元明. 塔里木河中游植物种群在四种环境梯度上的生态位特征[J]. 应用生态学报,2004,15(4):549-555.

[55] 刘炜,高亚军,杨君林,等. 旱地冬小麦返青前秸秆覆盖的土壤温度效应[J]. 干旱地区农业研究,2007,5(4):197-201.

[56] 鲁如坤,时正元,施建平. 我国南方 6 省农田养分平衡现状评价和动态变化研究[J]. 中国农业科学,2000,33(2): 63-67.

[57] 陆欣,谢英荷. 土壤肥料学[M]. 北京:中国农业大学出版社, 2002: 1, 2.

[58] 罗彩云,沈禹颖,南志标,等. 水土保持耕作下陇东玉米-小麦-大豆轮作系统产量、土壤易氧化有机碳动态[J]. 水土保持学报,2005,19(4):84-88.

[59] 骆世明. 传统农业精华与现代生态农业[J]. 地理研究,2007,26(5):609-614.

[60] 吕浩荣,刘颂颂,叶永昌,等. 人为干扰对风水林群落树种组成及多样性的影响[J]. 生态学杂志,2009,28(4):613-619.

[61] 马丹炜,张果,王跃华,等. 青城山森林植被物种多样性的研究[J]. 四川大学学报:自然科学版,2002,39(1):115-123.

[62] 马俊永,曹彩云,郑春莲,等. 长期施用化肥和有机肥对土壤有机碳和容重的影响[J]. 中国土壤与肥料,2010(6):38-42.

[63] 马丽荣. 生态位理论及其在农田杂草研究中的应用[J]. 甘肃农业科技, 2006,4: 23-26.

[64] 欧巧明,陈玉梁,马丽荣,等. 基于生态位理论的作物-杂草化感作用及其关系探讨[J]. 草业学报,2010,19(2):235-240.

[65] 潘俊峰,万开元,陶勇. 基于农田养分管理的杂草生态防控策略[J]. 植物保护,2014,40(3):5-9,36.

[66] 齐玉春,董云社,章申. 华北平原典型农业区土壤甲烷通量研究[J]. 生态与农村环境学报,2002,18(3):56-58.

[67] 邱宇洁. 黄土丘陵区梯田土壤有机碳演变规律及影响因素研究[D]. 西北农林科技大学,2014.

[68] 任海建. 不同植被覆盖度条件下小麦生长参数的高光谱监测研究[D]. 南京:南京农业大学,2012.

[69] 任继周,贺达汉. 荒漠-绿洲草地农业系统的耦合与模型[J]. 草业学报,1995,4(2):11-19.

[70] 任继周,南志标,林慧龙. 以食物系统保证食物(含粮食)安全:实行草地农业,全面发展食物系统生产潜力[J]. 草业学报,2005,14(3):1-10.

[71] 任继周,万长贵. 系统耦合与荒漠-绿洲草地农业系统[J]. 草业学报,1994,3(3):1-8.

[72] 任继周,朱兴运. 中国河西走廊草地农业的基本格局和它的系统相悖:草原退化的机理初探[J]. 草业学报,1995,4(1):69-80.

[73] 沙志鹏,关法春,王军峰,等. 玉米田养鹅生产模式的能值评估[J]. 浙江大学学报(农业与生命科学版),2013,39(6): 655-662.

[74] 沙志鹏,王军峰,关法春. 西藏东南缘农牧复合系统-玉米田放牧鹅的生物多样性和经济效益分析[J]. 草地学报,2014,22(1):213-216.

[75] 沙志鹏,张宇阳,王超,等. 西藏"玉米田养鹅"模式下养分吸收与养分平衡特征[J]. 土壤学报,2016,53(2):523-532.

[76] 尚玉昌. 普通生态学[M]. 北京:北京大学出版社,2002.

[77] 邵伟. 大气沉降对西藏主要作物氮营养的影响[D]. 西藏林芝:西藏大学农牧学院,2009.

[78] 宋秋来. 松嫩平原旱作农田土壤 CO_2 排放规律及土壤碳平衡研究[D]. 哈尔滨:东北农业大学,2014.

[79] 孙成权,曲建升. 国际地球科学发展趋势[J]. 地球科学进展,2002,17(3):344-347.

[80] 孙善彬. 华北平原典型农田甲烷通量及其影响因子研究[D]. 北京林业大学,2007.

[81] 唐旭,陈义,吴春艳,等．大麦长期肥料效率和土壤养分平衡[J]. 作物学报,2013,39(4):665-672.

[82] 田欣欣,薄存瑶,李丽,等．耕作措施对冬小麦田杂草生物多样性及产量的影响[J]. 生态学报,2011,31(10):2768-2775.

[83] 佟屏亚,凌碧莹．夏玉米干物质累积动态模拟[J]. 农业新技术,1996 (5):21-24.

[84] 万里强,侯向阳,任继周．系统耦合理论在我国草地农业系统应用的研究[J]. 中国生态农业学报,2004,12(1):162-164.

[85] 王宝维,周小乔,葛文华,等．饲粮维生素 E 水平对鹅免疫和抗氧化功能的影响[J]. 动物营养学报,2013,25(1):59-68.

[86] 王根绪,沈永平,钱鞠,等．高寒草地植被覆盖变化对土壤水分循环影响研究[J]. 冰川冻土,2003,25(6):653-659.

[87] 王红丽,肖春玲,李朝君,等．崇明东滩湿地土壤有机碳空间分异特征及影响因素[J]. 农业环境科学学报,2009,28(7):1522-1528.

[88] 王俊华,胡君利,林先贵,等．长期平衡施肥对潮土微生物活性和玉米养分吸收的影响[J]. 土壤学报,2011,48(4):766-772.

[89] 王明君,韩国栋,崔国文,等．放牧强度对草甸草原生产力和多样性的影响[J]. 生态学杂志,2010, 29(5):862 -868.

[90] 王宁,李克昌,黄兆鸿,等．宁夏大农业内部系统耦合初探Ⅰ. 牧区育成农区育肥畜牧业生产体制现状调查[J]. 草业科学,2000,17(4):6-12.

[91] 汪诗平,李永宏,王艳芬,等．不同放牧率对内蒙古冷蒿草原植物多样性的影响[J]. 植物学报, 2001,43(1):89-96.

[92] 王修兰．全球农作物对大气 CO_2 及其倍增的吸收量估算[J]. 气象学报,1996(4):466-473.

[93] 王玉英,胡春胜．施氮水平对太行山前平原冬小麦-夏玉米轮作体系土壤温室气体通量的影响[J]. 中国生态农业学报,2011,19(5):1122-1128.

[94] 魏守辉,强胜,马波,等．不同作物轮作制度对土壤杂草种子库特征的影响．[J]生态学杂志,2005,24(4):385-389.

[95] 吴家梅,彭华,纪雄辉,等．稻草还田方式对双季稻田耕层土壤有机碳积累的影响[J]. 生态环境学报,2010,19(10):2360-2365.

[96] 武进普．不同覆膜及灌溉条件下玉米农田的碳足迹量算[D]. 甘肃农业大学,2014.

[97] 吴乐知,李取生．松嫩平原西部盐渍荒漠化机理研究[J]. 水土保持学报,

2003,17(4):79-81.

[98] 吴泠,何念鹏,周道玮. 松嫩平原农牧交错区牲畜放牧场的空间转移[J]. 生态学报,2004,24(1):167-171.

[99] 吴泠,张新时. 松嫩平原农牧交错区牧草资源特点及畜牧业发展[J]. 生态学报,2006,26(2):601-609.

[100] 武维华. 植物生理学[M]. 北京:科学出版社,2008.

[101] 肖春华,李少昆,刘景德,等. 不同种植方式下玉米干物质积累、养分吸收动态特点的研究[J]. 石河子大学学报(自然科学版),2004,22(5):380-382.

[102] 肖强,闫连波,朱欣宇,等. 夏玉米植株干物质、氮磷钾养分积累速度和时间的动态分析[J]. 植物营养与肥料学报,2014, 20(3):606-612.

[103] 修娜,吉文丽,张杨. 秦岭野生苔草植物资源及坪用价值[J]. 草业科学,2011,28(7):1253-1258.

[104] 徐广平,张德罡,徐长林,等. 放牧干扰对东祁连山高寒草地植物群落物种多样性的影响[J]. 甘肃农业大学学报,2005,40(6):789-796.

[105] 徐江兵,李成亮,何园球,等. 不同施肥处理对旱地红壤团聚体中有机碳含量及其组分的影响[J]. 土壤学报,2007,44(4):675-683.

[106] 许晴,张放,许中旗,等. Simpson 指数和 Shannon-Wiener 指数若干特征的分析及“稀释效应”[J]. 草业科学,2011,28(04):527-531.

[107] 许淑青,张仁陟,董 博,等. 耕作方式对耕层土壤结构性能及有机碳含量的影响[J]. 中国生态农业学报,2009,17(2):203-208.

[108] 吴家梅,纪雄辉,霍莲杰,等. 稻田土壤氧化态有机碳组分变化及其与甲烷排放的关联性[J]. 生态学报,2013,33(15):4599-4607.

[109] 乌云塔娜.“鸡-玉米-小麦”互作有机种养模式综合效益分析[D]. 保定:河北农业大学,2010.

[110] 严俊霞,李洪建,尤龙凤. 玉米农田土壤呼吸与环境因子的关系研究[J]. 干旱区资源与环境, 2010,24(3):183-189.

[111] 杨合龙,孙宗玖,管光玉,等. 封育对伊犁绢蒿荒漠草地土壤养分的影响[J]. 中国草地学报,2015, 37(2):107-111.

[112] 杨艳鲜,廖承飞,沙毓沧,等. 元谋干热河谷旱坡地双链型罗望子-牧草-羊生态农业模式高效配套技术研究[J]. 中国生态农业学报,2008,16(3):464-468.

[113] 杨兆芳. 农业植被净初级生产力模型研究-以稻麦作物为例[D]. 南京农业大学, 2004.

[114] 曾宪芳．西北干旱区县域农田生态系统碳足迹研究[D]．中国科学院大学，2013.

[115] 展茗．不同稻作模式稻田碳固定、碳排放和土壤有机碳变化机制研究[D]．华中农业大学，2009.

[116] 张帆，陈源泉，高旺盛．“双季稻-鸭”共生生态系统稻季磷循环[J]．生态学杂志，2012，31(6)：1383-1389.

[117] 张恒恒，严昌荣，张燕卿，等．北方旱区免耕对农田生态系统固碳与碳平衡的影响[J]．农业工程学报，2015 (4)：240-247.

[118] 张慧智，史学正，于东升，等．中国土壤温度的季节性变化及其区域分异研究[J]．土壤学报，2009，46(2)：227-234.

[119] 张家铜，彭正萍，李婷，等．不同供氮水平对玉米体内干物质和氮动态积累与分配的影响[J]．河北农业大学学报，2009，32(2)：1-5.

[120] 张赛．不同耕作模式下“小麦/玉米/大豆”套作农田碳平衡特征研究[D]．西南大学，2014.

[121] 张宪洲，刘允芬，钟华平，等．西藏高原农田生态系统土壤呼吸的日变化和季节变化特征[J]．资源科学，2003，25(5)：103-107.

[122] 张勇，史学正，赵永存，等．滇黔桂地区土壤有机碳储量与影响因素研究[J]．环境科学，2008，29(08)：2314-2319.

[123] 张宇阳，沙志鹏，关法春，等．玉米田养鹅措施对杂草群落生态特征的影响[J]．生物多样性，2014，22(4)：492-501.

[124] 张宇阳，王军峰，沙志鹏，等．“农牧一体化”下玉米田杂草多样性及玉米生长状况[J]．浙江大学学报，2014，40(6)：638-646.

[125] 赵锦梅，徐长林，马亚萍，等．祁连山东段高寒灌丛地被物与土壤的水文特征[J]．林业科学，2014，50(10)：146-151.

[126] 赵利，胡冠芳，王利民，等．兰州地区胡麻田杂草消长动态及群落生态位研究[J]．草业学报，2010，19(6)：18-24.

[127] 赵其国，周生路，吴绍华．中国耕地资源变化及其可持续利用与保护对策[J]．土壤学报，2006，43(4)：662-672.

[128] 赵荣芳，陈新平，张福锁．华北地区冬小麦-夏玉米轮作体系的氮素循环与平衡[J]．土壤学报，2009，46(4) 684-696.

[129] 赵鑫．土地利用方式与施肥制度对土壤活性有机碳库的影响[D]．沈阳农业大学，2007.

[130] 赵永华，雷瑞德，何兴元，等．秦岭锐齿栎林种群生态位特征研究[J]．应用

生态学报,2004,15(6): 913-918.

[131] 郑方强,张晓华,墨铁路,等. 苹果园主要害虫及其天敌生态位和集团分析[J]. 生态学报,2008,28(10):4830-4840.

[132] 周广胜,王玉辉,许振柱,等. 中国东北样带碳循环研究进展[J]. 自然科学进展,2003,13(9):917-922.

[133] Aulakh M S, Khera T S, Doran J W, *et al.* Managing crop residue with green manure, urea, and tillage in a rice-wheat rotation[J]. *Soil Science Society of America Journal*,2001,65(3):820-827.

[134] Bellamy P H, Loveland P J, Bradley R L, *et al.* Carbon losses from all soils across England and Wales 1978-2003 [J]. *Nature*, 2005,437: 245-248.

[135] Bender R R, Haegele J W, Ruffo M L, *et al.* Nutrient uptake, partitioning, and remobilization in modern, transgenic insect-protected maize hybrids. *Agronomy Journal*, 2012, 105(1): 161-170.

[136] Beniston M. Climatic change at high elevation site: an overview [J]. *Climatic Change*,1997, 36:233-251.

[137] Béziat P, Ceschia E, Dedieu G. Carbon balance of a three crop succession over two cropland sites in South West France[J]. *Agricultural & Forest Meteorology*,2009,149(10):1628-1645.

[138] Bond-Lamberty B, Thomson A M. Temperature-associated increases in the global soil respiration record[J]. *Nature*,2010,464: 579-582.

[139] Boutin C, Jobin B. Intensity of agricultural practices and effects on adjacent habitats[J]. *Ecological Applications*, 1998, 8(2): 544-557.

[140] Briske D D, Fuhlendorf S D, Smeins F. E. Vegetation dynamics on rangelands: a critique of the current paradigms[J]. *Journal of Applied Ecology*,2003,40:601-614.

[141] Buster H R. Atrazine and other striazine herbicides in lakes and rains in Smithland. *Environ Sci Technol.*,1990,24:1049-1058.

[142] Buysse P, Roisin C, Aubinet M. Fifty years of contrasted residue manage ment of an agricultural crop: Impacts on the soil carbon budget and on soil heterotrophic respiration [J]. *Agriculture Ecosystems & Environment*, 2013,167(1):52-59.

[143] Cassman K G, Dobermann A, Walters D T. Agroecosystems, nitrogen-

use efficiency, and nitrogen management[J]. *Ambio*,2002,31(2):132-140.

[144] Castro M S, Steudler P A, Melillo J M, *et al*. Factors controlling atmospheric methane consumption by temperate forest soils[J]. *Global Biogeochemical Cycles*, 1995, 9(1):1-10.

[145] Ciampitti I A, Vyn T J. A comprehensive study of plant density consequences on nitrogen uptake dynamics of maize plants from vegetative to reproductive stages[J]. *Field Crops Research* ,2011, 121(1):2-18.

[146] Cong W, Hoffland E, Li L, *et al.* Intercropping enhances soil carbon and nitrogen [J]. *Global Change Biology* 2014,21(4):1715-1726.

[147] Crawley M J. Herbivores and plant population dynamics [M]. Plant Population Ecology, *Blackwell Scientific Publications*, *Oxford*, 1988: 367-392.

[148] Dalal R C, Carter O R. Soil organic matter dynamics and sequestration in Australian tropical soils[J]. *Advances in Soil Science*, 2000, (4):283-314.

[149] Dalal R C, Strong W M, Weston E J, *et al.* . Sustaining multiple production systems. 2. Soil fertility decline and restoration of cropping lands in sub-tropical Queensland[J]. *Tropical Grasslands*, 1991,25: 173-180.

[150] Dannenberg, S, Conrad R. Effect of rice plants on methane production and rhizospheric metabolism in paddy soil[J]. *Biogeochemistry*,1999,45(1):53-71.

[151] Dayamba S D, Djoudi H, Zida M, *et al*. Biodiversity and carbon stocks in different land use types in the Sudanian Zone of Burkina Faso, West Africa [J]. *Agriculture Ecosystems & Environment*, 2016,216:61-72.

[152] Ekschmitt K, Liu M, Vetter S, *et a1*. Strategies used by soil biota to overcome soil organic matter stability-Why is dead organic matter left over in the soil[J]. *Geoderma*, 2005, 128:167-176.

[153] Epron D, Farque L, Lucot E, *et al*. Soil CO_2 efflux ina beech forest: the contribution of root respiration[J]. *Annals of Forest Science*, 1999, 56, 289-295.

[154] Fageria N K, Baligar V C. Enhancing nitrogen use efficiency in crop plants. *Advances in Agronomy*, 2005, 88: 97-185.

[155] Fang C, Moncrieff J B. The dependence of soil CO_2 efflux on temperature

[J]. *Soil Biology & Biochemistry*, 2001, 33(2):155-165.

[156] FAO. How to Feed the World in 2050. High-Level Expert Forum, 12-13 October 2009. FAO, Rome, Italy.

[157] Food and Agriculture Organization of the United Nations. The state of food insecurity in the world: how does international price volatility affect domestic economies and food security[R]. *Rome: FAO*, 2011.

[158] Francis D D, Schepers J S, Vigil M F. Postanthesis nitrogen loss from corn[J]. *Agronomy Journal*, 1993, 85(3): 659-663.

[159] Gaudet C I, Keddy P A. A comparative approach to predicting competitive ability from plant traits[J]. *Nature*,1998,334(21):242-243.

[160] Goldberg D E, Miller T E. Effects of the different resource add it ion s on species diversity in an annual plant community[J]. *Ecology*,1990,71:213-225.

[161] Hibig W. Preservation of agrestal weeds. In: Holzener W, M Numata (eds.). [M] *Biology and Ecology of Weeds. W Junk publishers* ,1982, 2:57-59.

[162] Hilbert D W, Swift D M, Detling J K, *et al*. Relative growth rates and the grazing optimization hypothesis[J]. *Oecologia*,1981,51:14-18.

[163] Houghton R A. Balancing the Global Carbon Budget[J]. Annual Review of Earth & Planetary Sciences,2007,35(1):313-347.

[164] Hunt R. Plant growth analysis: The rationale behind the use of the fitted mathematical function[J]. *Annals of Botany*,1979: 245-249.

[165] IPCC. Climate Change 2007: The physical science basis, contribution of Working Group-I to the fourth assessment report of the Intergovernmental Panel on Climate Change[R]. Cambridge: *Cambridge University Press*, 2007.

[166] Jobbágy E G, Jackson R B. The vertical distribution of soil organic carbon and its relation to climate and vegetation[J]. *Ecological Applications*, 2000,10(2):423-436.

[167] Kreuger J. Pesticides in stream water within an agricultural catchment in southern Sweden, 1990-1996[J]. *Science of the Total Environment*,1998, 216(3):227-251.

[168] Krzysztof Migala, Bronislaw Wojtun, Wojciech Szymanski, et al. Soil

moisture and tempratu—re variation under different types of tundra vegetation during the growing season: A case study from the Fuglebekken catchment[C]. SW Spitsbergen. *CATENA*, 2014,116:10-18.

[169] Lai L M, Zhao X C, Jiang L H, *et al*. Soil respiration in different agricultural and natural ecosystems in an arid region [J]. *Plos One*, 2012, 7(10):e48011.

[170] Lal R. Carbon emission from farm operations [J]. *Environment International*, 2004, 30(7):981-990.

[171] Lal, R. Sequestering carbon in soils of agro-ecosystems[J]. *Food Policy*, 2011, 36, S33-S39.

[172] Lgre A, Stevenson F C, Benoit D L. Diversity and assembly of weed communities: Contrasting responses across cropping systems [J]. *Weed Research*,2005,45(4):303-315.

[173] Lippens M, Huyghebaert G, De Groote G. The efficiency of nitrogen retention during compensatory growth of food restricted broilers [J]. *British Poultry Science*, 2002,43:669-676.

[174] Liu J L, Zhan A, Chen H, *et al*. Response of nitrogen use efficiency and soil nitrate dynamics to soil mulching in dryland maize (*Zea mays* L.) fields. *Nutrient Cycling in Agroecosystems*, 2015, 101(2): 271-283.

[175] Lu S, Zhang J S, Meng P, *et al*. Soil respiration and its temperature sensitivity for walnut intercropping, walnut orchard and cropland systems in North China[J]. *Journal of Food, Agriculture & Environment*. 2012, 10 (2): 1204-1208.

[176] L Bastiaans, M J Kropff. Weed Competition. *Encyclopedia of Applied Plant Sciences*, 2017,3:473-478.

[177] M A Hamza, W K Anderson. Soil compaction in cropping systems: A review of the nature,causes and possible solutions[J]. *Soil and Tillage Research*,2005,82(2):121- 145.

[178] Marina, M. High carbon cost of organic weed control[M]. *Chemistry and Industry*, 2007,11, 04.

[179] Martina Štursová, Petr Baldrian. Effects of soil properties and management on the activity of soil organic matter transforming enzymes and the quantification of soil-bound and free activity[J]. *Plant and Soil*,

2011,338(1-2):99-110.

[180] Ma Q, Yu W T, Shen S M, *et al*. Effects of fertilization on nutrient budget and nitrogen use efficiency of farmland soil under different precipitations in Northeastern China. *Nutrient Cycling in Agroecosystems*,2010,88(3):315-327.

[181] Mcconkey B G, Liang B C, Campbe ll C A, *et al*. . Crop rotation and tillage in pact on carbon sequestration in Canadian prairie soils[J]. *Soil and Tillage Research*,2003,74(1):81-90.

[182] McNaughton S J, Banyikwa F F, McNaughton M M. Promotion of the cycling of diet-enhancing nutrients by African grazers[J]. *Science*,1997, 278: 1798-l800.

[183] Muhammad Shahzad, Muhammad Farooq, Khawar Jabran. Impact of different crop rotations and tillage systems on weed infestation and productivity of bread wheat[J]. *Crop Protection*, 2016,89:161-169.

[184] Paltridge N G, Grover S P P, Gouyi L, *et al*. Soils, crop nutrient status and nutrient dynamics on small-holder farms in central Tibet, China[J]. *Plant and Soil*,2011,348(1/2):219-229.

[185] Parkin T B, Kasper T C. Temperature controls on diurnal carbon dioxide flux: implication for estimating soil carbon loss[J]. *Soil Science Society America Journal*,2003,67,1763-1772.

[186] Phong L T, Stoorvogel J J, van Mensvoort M E F, *et al*. Modeling the soil nutrient balance of integrated agriculture aquaculture systems in the Mekong Delta, Vietnam[J]. *Nutrient Cycling in Agroecosystems*,2011,90(1):33-49.

[187] Puricelli E C, Tuesca D H. Weed density and diversity under glyphosate-resistant crop sequences[J]. *Crop Protection* 2005,24:533-542.

[188] Rey A Pegoraro. Impact of land degradation on soil respiration in a steppe (*Stipa tenacissima* L.) semi-arid ecosystem in the SE of Spain[J]. *Soil Biology & Biochemistry*, 2010,43(2):393-403.

[189] Rohde K. Vacant niches and the possible operation of natural laws in ecosystems. Rivista di Biologia:*Biology fotum*, 2008,101:13-28.

[190] Ryan W J. Compensatory growth in cattle and sheep [J]. *Nutrition Abstracts and Reviews*, 1990, 60:653-664.

[191] Shi P L, Zhang X Z, Zhong Z M, *et al*. Diurnal and seasonal variability of soil CO_2 efflux in a cropland ecosystem on the Tibetan Plateau[J]. *Agricultural & Forest Meteorology*, 2006, 137(3):220-233.

[192] Six J, Ogle S M, Breidt F J, *et al*.. The potential to mitigate global warming with no-tillage management is only realized when practiced in the long term. *Global Change Biology*, 2004, 10(2) 155-160.

[193] Smith P, Lanigan G, Kutsch W, *et al*. Measurements necessary for assessing the net ecosystem carbon budget of ceoplands[J]. *Agriculture Ecosystems & Environment*, 2010, 139(2010):302-315.

[194] Smith P. Carbon sequestration in croplands: the potential in Europe and the global context[J]. *European Journal Agronomy*, 2004, 20, 229-236.

[195] Stephen A. Wood, Daniel S. Karp, Fabrice DeClerck, *et al*. Functional traits in agriculture: agrobiodiversity and ecosystem services[J]. *Trends in Ecology & Evolution*, 2015, 30(9):531-539.

[196] Tashi N, Liu Y, Partap T. Making Tibet food secure: Assessment of scenarios. Kathmandu: *International Centre for Integrated Mountain Development*, 2002.

[197] Teixeira E I, George M, Herreman T, *et al*. The impact of water and nitrogen limitation on maize biomass and resource-use efficiencies for radiation, water and nitrogen [J]. *Field Crops Research*, 2014, 168:109-118.

[198] Tian H Q, Melillo J, Lu C Q, *et al*.. China's terrestrial carbon balance: Contributions from multiple global change factors[J]. *Global Biogeochemical Cycles*, 2011, 25(1):GB1007-GB1022.

[199] Tilman D, Downing J A. Biodiversity and stability in grasslands[J]. *Nature*, 1994, 367(27):363-365.

[200] Ufuk O, Ferhat G. Effect of vegetation change from forest to herbaceous vegetation cover on soil moisture and temperature regimes and soil water chemistry[J]. *CATENA*, 2017, (149):158-166.

[201] Wang J Y, Song C C, Zhang J, *et al*. Temperature sensitivity of soil carbon mine-ralization and nitrous oxide emission in different ecosystems along a mountain wetland-forest ecotone in the continuous permafrost of Northeast China[C]. *CATENA*, 2014, 121:110-118.

[202] Wang X H. Sustainable development in Tibet requires control of agricultural nonpoint pollution[J]. *Environmental Science Technology*, 2014, 48(16): 8944-8945.

[203] Wang X L, Feng A P, Wang Q, *et al*. Spatial variability of the nutrient balance and related NPSP risk analysis for agro-ecosystems in China in 2010[J]. *Agriculture Ecosystems & Environment*, 2014,193: 42-52.

[204] Wang Y, Hu C, Dong W, *et al*. Carbon budget of a winter-wheat and summer-maize rotation cropland in the North China Plain [J]. *Agriculture Ecosystems & Environment*,2015,206:33-45.

[205] Wang Z, Yuan Z M, Song D X, *et al*. Analys is on the dynamics o f spatial distribution pattern of mixed spider population in rice field [J]. *Acta Entomo logica Sinica*,2004,11(4): 257-265.

[206] Woolf D, Amonette J E, Streetperrott F A, *et al.* Sustainable biochar to mitigate global climate change[J]. *Nature Communications*, 2010, 1(3): 118-124.

[207] Wyss E. The effects of artificial weed strips on diversity and abundance of the arthropod fauna in a Swiss experimental apple orchard. Agriculture[J]. *Ecosystem and Environment*,1996,60:47-59.

[208] Xiao Zhang, Wenwu Zhao, Yuanxin Liu. The relationships between grasslands and soil moisture on the Loess Plateau of China: A review[J]. *Catena*,2016,145:56-57.

[209] Yu W T, Jiang Z S, Zhou H, *et al*. Effects of nutrient cycling on grain yields and potassium balance[J]. *Nutrient Cycling in Agroecosystems*, 2009,84(3):203-213.

[210] Zhang Q. Strategies for developing green super rice[C]. *Proceedings of the National Academy of Sciences of the United States of America*,2007, 104(42),16402-16409.